큐브 개념 동영상 강의

학습 효과를 높이는 개념 설명 강의

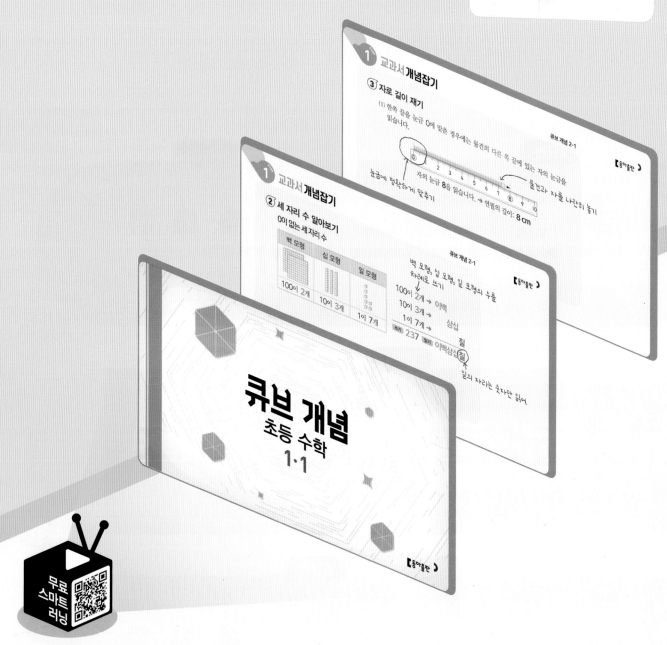

1초 만에 바로 강의 시청

QR코드를 스캔하여 개념 이해 강의를 바로 볼 수 있습니다. 개념별로 제공되는 강의를 보면 빈틈없는 개념을 완성할 수 있습니다.

친절한 개념 동영상 강의

수학 전문 선생님의 친절한 개념 강의를 보면서 교과서 개념을 쉽고 빠르게 이해할 수 있습니다.

수학의 기본
큐브 시리즈

큐브 연산 | 1~6학년 1, 2학기(전 12권)

난이도 구성

전 단원 연산을 다잡는 기본서

- 교과서 전 단원 구성
- 개념-연습-적용-완성 4단계 유형 학습
- 실수 방지 팁과 문제 제공

큐브 개념 | 1~6학년 1, 2학기(전 12권)

난이도 구성

교과서 개념을 다잡는 기본서

- 교과서 개념을 시각화 구성
- 수학익힘 교과서 완벽 학습
- 기본 강화책 제공

큐브 유형 | 1~6학년 1, 2학기(전 12권)

난이도 구성

모든 유형을 다잡는 기본서

- 기본부터 응용까지 모든 유형 구성
- 대표 예제로 유형 해결 방법 학습
- 서술형 강화책 제공

큐브 개념

개념책

초등 수학

1·1

큐브 개념
구성과 특징

큐브 개념은 교과서 개념과 수학익힘 문제를
한 권에 담은 기본 개념서입니다.

개념책

1STEP 교과서 개념 잡기

꼭 알아야 할 교과서 개념을 시각화하여 쉽게 이해

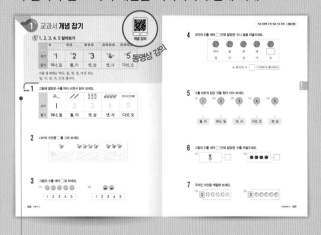

• **개념 확인 문제**
배운 개념의 내용을 같은 형태의 문제로 한 번 더 확인

2STEP 수학익힘 문제 잡기

수학익힘의 교과서 문제 유형 제공

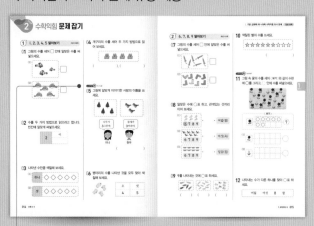

• **교과 역량 문제**
생각하는 힘을 키우는 문제로 5가지 수학 교과 역량이
반영된 문제

개념 기초 문제를
한번더!

수학익힘 유사 문제를
한번더!

기본 강화책

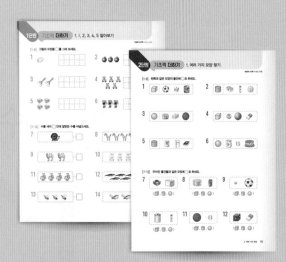

기초력 더하기
개념책의 〈교과서 개념 잡기〉 학습 후
개념별 기초 문제로 기본기 완성

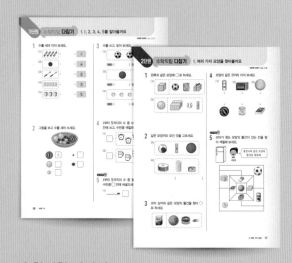

수학익힘 다잡기
개념책의 〈수학익힘 문제 잡기〉 학습 후
수학익힘 유사 문제를 반복 학습하여 수학 실력 완성

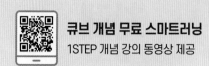

3STEP 서술형 문제 잡기

풀이 과정을 따라 쓰며 익히는 연습 문제와 유사 문제로 구성

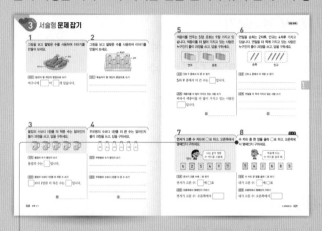

평가 단원 마무리 + 1~5단원 총정리

마무리 문제로 단원별 실력 확인

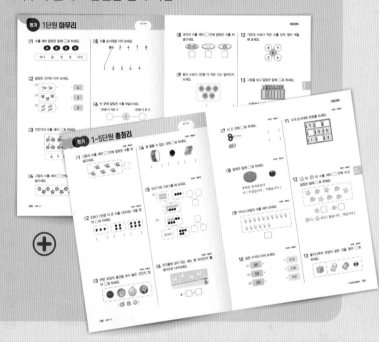

● 창의형 문제
다양한 형태의 답으로 창의력을 키울 수 있는 문제

⊕

⊘ 큐브 개념은 이렇게 활용하세요.

❶ 코너별 반복 학습으로 기본을 다지는 방법

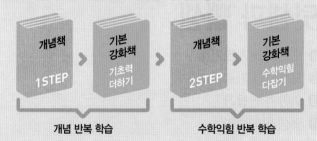

❷ 예습과 복습으로 개념을 쉽고 빠르게 이해하는 방법

1

9까지의 수

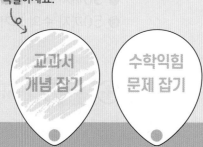

학습을 끝낸 후
색칠하세요.

교과서
개념 잡기

수학익힘
문제 잡기

❶ 1, 2, 3, 4, 5 알아보기
❷ 6, 7, 8, 9 알아보기
❸ 수로 순서를 나타내기 / 수의 순서

⊙ 이전에 배운 내용
[누리과정]
물건의 수 세기

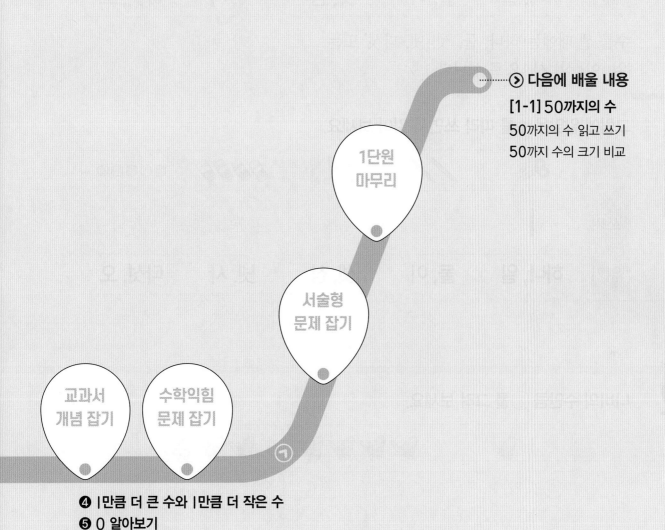

다음에 배울 내용

[1-1] 50까지의 수

50까지의 수 읽고 쓰기

50까지 수의 크기 비교

1단원
마무리

서술형
문제 잡기

교과서
개념 잡기

수학익힘
문제 잡기

❹ I만큼 더 큰 수와 I만큼 더 작은 수

❺ 0 알아보기

❻ 수의 크기 비교

교과서 개념 잡기

개념 강의

① 1, 2, 3, 4, 5 알아보기

	●○○○○○○○○○	●●○○○○○○○○	●●●○○○○○○○	●●●●○○○○○○	●●●●●○○○○○
쓰기	1	2	3	4	5
읽기	하나, 일	둘, 이	셋, 삼	넷, 사	다섯, 오

수를 셀 때에는 '하나, 둘, 셋, 넷, 다섯' 또는
'일, 이, 삼, 사, 오'로 셉니다.

개념 확인 1

그림에 알맞은 수를 따라 쓰면서 읽어 보세요.

	✂	✏✏	🖊🖊	📎📎📎📎	⬡⬡⬡⬡⬡
쓰기	1	2	3	4	5
읽기	하나, 일	둘, 이	셋, 삼	넷, 사	다섯, 오

2 나비의 수만큼 ○를 그려 보세요.

3 그림의 수를 세어 ○표 하세요.

(1) ☺☺☺☺☺

(2) 😄😄

4 과자의 수를 세어 ☐ 안에 알맞은 수나 말을 써넣으세요.

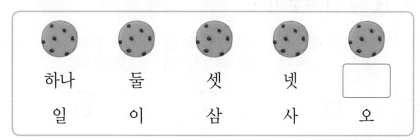

하나	둘	셋	넷	☐
일	이	삼	사	오

➡ 과자의 수: ☐ ◁ 마지막에 센 수를 숫자로 써.

5 수를 바르게 읽은 것을 찾아 이어 보세요.

(1) ① · (2) ② · (3) ③ · (4) ④ · (5) ⑤ ·

· · · · ·

둘, 이   하나, 일   넷, 사   다섯, 오   셋, 삼

6 그림의 수를 세어 ☐ 안에 알맞은 수를 써넣으세요.

(1) ☐

(2) ☐

7 주어진 수만큼 색칠해 보세요.

(1)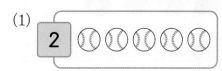

(2)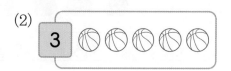

개념 강의

② 6, 7, 8, 9 알아보기

	⬤⬤⬤⬤⬤⭕⭕	⬤⬤⬤⬤⬤⬤⭕	⬤⬤⬤⬤⬤⬤⬤⭕	⬤⬤⬤⬤⬤⬤⬤⬤⭕
쓰기	①↙**6**	①↓**7**②	**8**①	**9**①
읽기	여섯, 육	일곱, 칠	여덟, 팔	아홉, 구

수를 셀 때에는 '하나, 둘, 셋, 넷, 다섯, 여섯, 일곱, 여덟, 아홉' 또는
'일, 이, 삼, 사, 오, 육, 칠, 팔, 구'로 셉니다.

개념 확인 1 그림에 알맞은 수를 따라 쓰면서 읽어 보세요.

	🍃🍃🍃🍃🍃🍃	🍂🍂🍂🍂🍂🍂🍂	✳✳✳✳✳✳✳✳	🍁🍁🍁🍁🍁🍁🍁🍁🍁
쓰기	6	7	8	9
읽기	여섯, 육	일곱, 칠	여덟, 팔	아홉, 구

2 사탕의 수만큼 ◯를 그려 보세요.

3 귤의 수를 세어 알맞은 말에 ◯표 하세요.

| 여섯 | 일곱 | 여덟 | 아홉 |

4 새우의 수를 세어 ☐ 안에 알맞은 수를 써넣으세요.

→ 새우는 ☐마리입니다.

5 펼친 손가락의 수를 세어 이어 보세요.

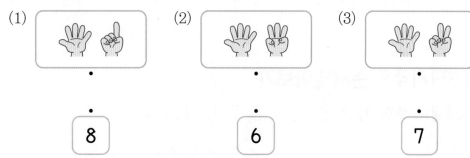

(1) · · 8

(2) · · 6

(3) · · 7

6 그림의 수를 세어 ☐ 안에 알맞은 수를 써넣으세요.

(1)

(2)

7 주어진 수만큼 색칠해 보세요.

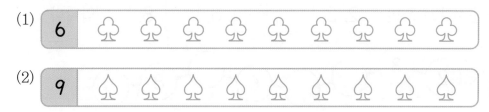

(1) 6

(2) 9

③ 수로 순서를 나타내기 / 수의 순서

몇째 알아보기

수로 순서를 나타낼 때에는 '째'를 붙여 '몇째'로 나타냅니다.

1	2	3	4	5	6	7	8	9
첫째	둘째	셋째	넷째	다섯째	여섯째	일곱째	여덟째	아홉째

처음 순서는 '하나째'가 아니고 '첫째'라고 나타내.

1부터 9까지 수의 순서 알아보기

수를 순서대로 쓰면 1, 2, 3, 4, 5, 6, 7, 8, 9입니다.

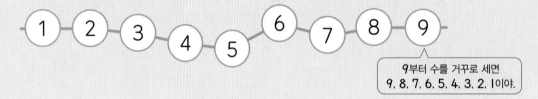

9부터 수를 거꾸로 세면
9, 8, 7, 6, 5, 4, 3, 2, 1이야.

개념 확인 1 수로 순서를 나타내어 보세요.

1	2		4		6	7		9
첫째	둘째	셋째	넷째	다섯째	여섯째	일곱째	여덟째	아홉째

개념 확인 2 ☐와 ◯ 안에 수를 순서대로 써넣으세요.

수를 순서대로 쓰면 1, 2, 3, ☐, ☐, 6, ☐, 8, ☐입니다.

1 — 2 — 3 — ◯ — ◯ — 6 — 8 — ◯

3 순서에 알맞게 이어 보세요.

(1) 3   (2) 2   (3) 9   (4) 6

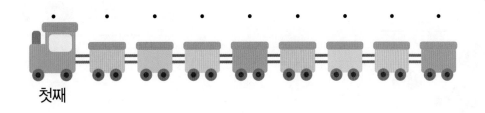

첫째

4 수를 순서대로 이어 보세요.

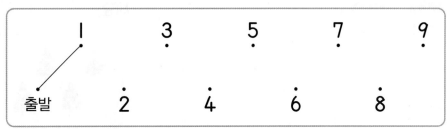

1   3   5   7   9

출발   2   4   6   8

5 왼쪽에서 여섯째에 색칠해 보세요.

왼쪽 △ △ △ △ △ △ △ △ △ 오른쪽

6 몇째인지 ☐ 안에 알맞은 말을 써넣으세요.

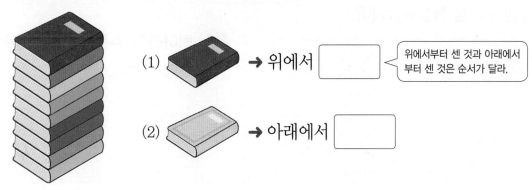

(1) 📕 → 위에서 ☐

위에서부터 센 것과 아래에서부터 센 것은 순서가 달라.

(2) 📗 → 아래에서 ☐

① 1, 2, 3, 4, 5 알아보기

개념 008쪽

01 그림의 수를 세어 ☐ 안에 알맞은 수를 써 넣으세요.

(1)  ☐

(2) 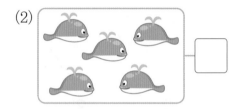 ☐

02 수를 두 가지 방법으로 읽으려고 합니다. 빈칸에 알맞게 써넣으세요.

2	이

03 나타낸 수만큼 색칠해 보세요.

(1)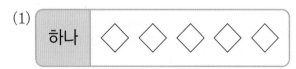

(2)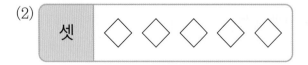

04 개구리의 수를 세어 두 가지 방법으로 읽어 보세요.

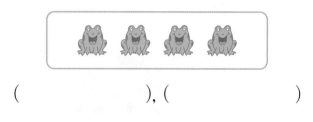

(   ), (   )

교과역량 콕! 의사소통

05 그림에 알맞게 이야기한 사람의 이름을 쓰세요.

나무가 3그루야. — 미나

참새가 3마리야. — 현우

(   )

06 병아리의 수를 나타낸 것을 모두 찾아 색칠해 보세요.

오	넷
4	5

② 6, 7, 8, 9 알아보기
개념 010쪽

07 그림의 수를 세어 ☐ 안에 알맞은 수를 써 넣으세요.

(1)  ☐

(2)  ☐

08 알맞은 수에 ◯표 하고, 관계있는 것끼리 이어 보세요.

(1)  • • 여덟(팔)

(2)  • • 여섯(육)

(3)  • • 일곱(칠)

09 9를 나타내는 것에 ◯표 하세요.

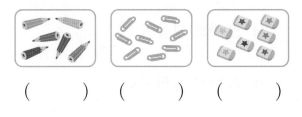

( ) ( ) ( )

10 색칠된 별의 수를 쓰세요.

( )

교과역량 쿡! 정보처리

11 그림 속 꽃의 수를 세어 〈보기〉와 같이 수판에 ◯를 그리고, ◯ 안에 수를 써넣으세요.

〈보기〉

(1)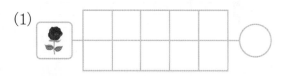

(2)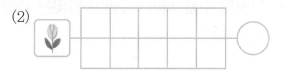

12 나타내는 수가 다른 하나를 찾아 ◯표 하세요.

여덟   여섯   8   팔

13 그림에 맞게 수를 고쳐 ☐ 안에 알맞은 수를 써넣으세요.

연못에 오리가 5마리 있습니다.

☐

교과역량 **콕!** 연결

14 석주는 일곱 살입니다. 석주의 나이만큼 초에 ◯표 하세요.

15 그림의 수를 세어 ☐ 안에 알맞은 수를 써넣으세요.

☐   ☐   ☐

3 **수로 순서를 나타내기 / 수의 순서**   개념 012쪽

16 수의 순서대로 서랍에 번호를 써넣으세요.

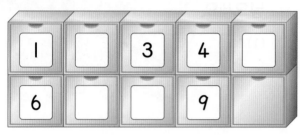

17 수를 순서대로 이어 보세요.

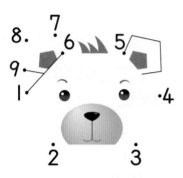

18 왼쪽에서 셋째 칸에 ◯표, 오른쪽에서 셋째 칸에 △표 하세요.

왼쪽   오른쪽

19 ☐ 안에 알맞은 수를 써넣으세요.

(1) **5** 바로 다음 수: ☐

(2) **4** 바로 앞의 수: ☐

20 〈보기〉와 같이 색칠해 보세요.

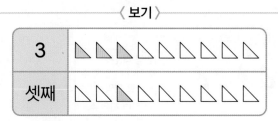

21 도율이가 바지를 넣으려는 서랍에 ◯표 하세요.

나는 바지를 아래에서 둘째 서랍에 넣을 거야.

도율

22 〈보기〉와 같은 순서로 빈칸에 알맞은 수를 써넣으세요.

23 ④의 순서를 두 가지 방법으로 말하려고 합니다. ☐ 안에 알맞은 말을 써넣으세요.

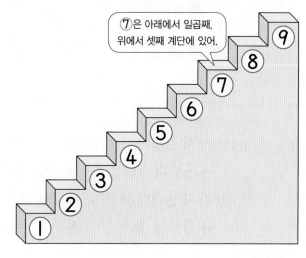

⑦은 아래에서 일곱째, 위에서 셋째 계단에 있어.

④는 아래에서 ☐ ,

☐ 에서 여섯째 계단입니다.

24 순서를 거꾸로 하여 수를 써넣으세요.

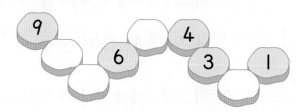

25 마트 계산대에 5명이 줄을 서 있습니다. 내가 앞에서 셋째에 서 있다면 내 뒤에는 몇 명이 있을까요?

( )

힌트 톡! 앞에서 셋째를 그림에 표시해 봐.

교과서 개념 잡기

개념 강의

④ 1만큼 더 큰 수와 1만큼 더 작은 수

1만큼 더 작은 수   1만큼 더 큰 수

④   ⑤   ⑥

> 1만큼 더 큰 수
> → 하나 더 많은 수
> → 바로 뒤의 수
>
> 1만큼 더 작은 수
> → 하나 더 적은 수
> → 바로 앞의 수

(1) 가지 5개에서 하나 더 많아지면 6개입니다.

  → 5보다 1만큼 더 큰 수는 6입니다.

(2) 가지 5개에서 하나 더 적어지면 4개입니다.

  → 5보다 1만큼 더 작은 수는 4입니다.

개념 확인 1

◯와 ☐ 안에 알맞은 수를 써넣으세요.

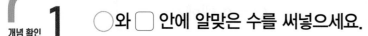

1만큼 더 작은 수   1만큼 더 큰 수

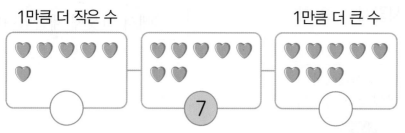

⑦

(1) 하트 7개에서 하나 더 많아지면 ☐개입니다.

  → 7보다 1만큼 더 큰 수는 ☐입니다.

(2) 하트 7개에서 하나 더 적어지면 ☐개입니다.

  → 7보다 1만큼 더 작은 수는 ☐입니다.

2

1만큼 더 큰 수와 1만큼 더 작은 수만큼 수판에 ◯를 그리고, ◯ 안에 알맞은 수를 써넣으세요.

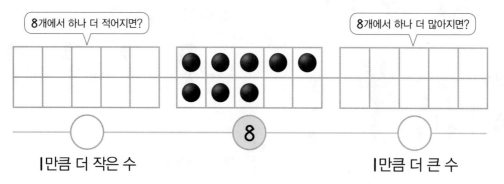

8개에서 하나 더 적어지면?   8개에서 하나 더 많아지면?

⑧

1만큼 더 작은 수   1만큼 더 큰 수

3 햄버거의 수보다 I만큼 더 작은 수와 I만큼 더 큰 수를 쓰세요.

I만큼 더 작은 수 　　　　　　　　　　　　　 I만큼 더 큰 수

4 ☐ 안에 알맞은 수를 써넣으세요.

(1) 6보다 I만큼 더 큰 수: ☐ 　　(2) 9보다 I만큼 더 작은 수: ☐

5 ☐ 안에 알맞은 수를 써넣으세요.

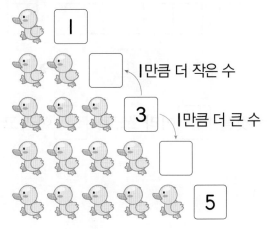

6 빈 곳에 알맞은 수를 써넣으세요.

I만큼 더 작은 수 　　　　 I만큼 더 큰 수

(1) ◯ — ② — ◯

I만큼 더 작은 수 　　　　 I만큼 더 큰 수

(2) ◯ — ⑤ — ◯

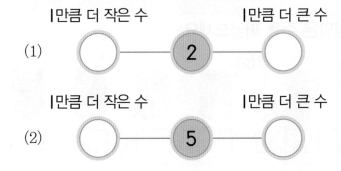

STEP 1 교과서 개념 잡기

⑤ 0 알아보기

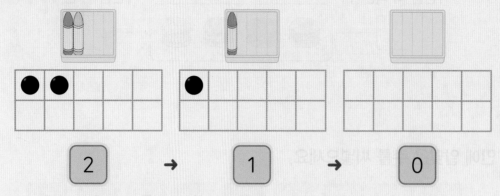

2 → 1 → 0

아무것도 없는 것을 0이라 쓰고, 영이라고 읽습니다.

→ 쓰기 ① **0**   읽기 **영** [1보다 1만큼 더 작은 수]

개념 확인 1 ☐ 안에 알맞은 수나 말을 써넣으세요.

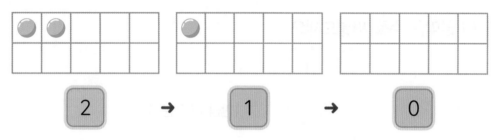

2 → 1 → 0

아무것도 없는 것을 ☐이라 쓰고, ☐이라고 읽습니다.

---

2 연필의 수를 세어 ☐ 안에 알맞은 수를 써넣으세요.

(1)   (2)

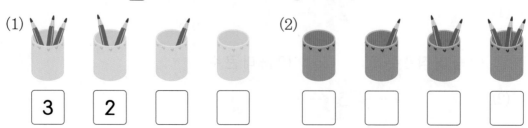

(1) 3   2   ☐   ☐   (2) ☐   ☐   ☐   ☐

3 접시에 담긴 음식의 수에 ◯표 하세요.

→ 3　2　ㅣ　0

4 ☐ 안에 알맞은 수를 써넣으세요.

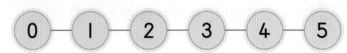

0 — ㅣ — 2 — 3 — 4 — 5

ㅣ보다 ㅣ만큼 더 작은 수는 ☐ 입니다.

5 리본의 수에 알맞게 이어 보세요.

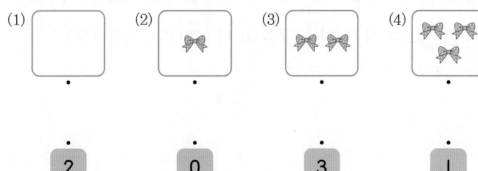

(1)　(2)　(3)　(4)

2　0　3　ㅣ

6 꽃의 수를 세어 ☐ 안에 알맞은 수를 써넣으세요.

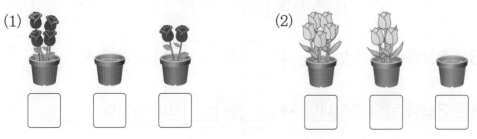

(1)　(2)

6 수의 크기 비교

6과 4의 크기 비교하기

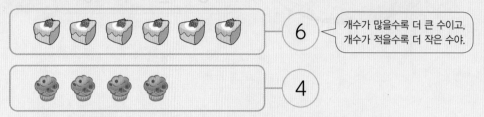

> 개수가 많을수록 더 큰 수이고, 개수가 적을수록 더 작은 수야.

(1) 🍰은 🧁보다 많습니다. → 6은 4보다 큽니다.

(2) 🧁은 🍰보다 적습니다. → 4는 6보다 작습니다.

개념 확인 1 **9와 7의 크기를 비교하여 알맞은 말에 ◯표 하세요.**

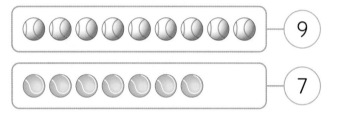

(1) ⚾은 ⚾보다 많습니다. → 9는 7보다 (큽니다 , 작습니다).

(2) ⚾은 ⚾보다 적습니다. → 7은 9보다 (큽니다 , 작습니다).

---

2 **수의 순서를 이용하여 크기를 비교해 보세요.**

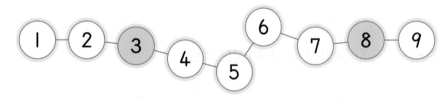

(1) 3은 8보다 앞의 수입니다. → ☐은 ☐보다 작습니다.

(2) 8은 3보다 뒤의 수입니다. → ☐은 ☐보다 큽니다.

3 그림을 보고 더 큰 수에 ◯표 하세요.

| | 7 |
| | 5 |

4 나비가 8마리, 벌이 6마리 있습니다. 두 수의 크기를 비교해 보세요.

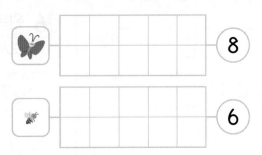

(1) 나비와 벌의 수만큼 수판에 ◯를 그려 보세요.

8

6

(2) 알맞은 말에 ◯표 하세요.

8은 6보다 (큽니다 , 작습니다).

5 더 작은 수에 △표 하세요.

(1) 2   5

(2) 9   8

(3) 7   3

4 |만큼 더 큰 수와 |만큼 더 작은 수 개념 018쪽

01 3보다 |만큼 더 작은 수를 나타내는 것에 ◯표 하세요.

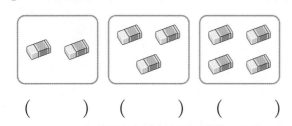

(   ) (   ) (   )

02 8보다 |만큼 더 큰 수만큼 ◯를 그리고, ☐ 안에 알맞은 수를 써넣으세요.

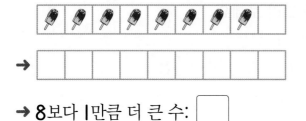

→

→ 8보다 |만큼 더 큰 수: ☐

교과역량 콕! 정보처리

03 왼쪽 그림의 수보다 |만큼 더 큰 수를 나타내는 것에 ◯표 하세요.

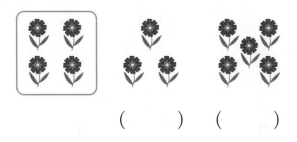

(   ) (   )

04 설명에 알맞은 수를 구하세요.

9보다 |만큼 더 작은 수

(   )

05 주어진 수보다 |만큼 더 큰 수를 빈칸에 써 넣으세요.

(1) 2 ☐   (2) 6 ☐

06 왼쪽 수보다 |만큼 더 작은 수만큼 색칠해 보세요.

7   ♡ ♡ ♡ ♡ ♡ ♡ ♡ ♡ ♡

07 ☐ 안에 알맞은 수를 써넣으세요.

|만큼 더 작은 수 |만큼 더 큰 수

☐ — 3 — ☐

☐ — 5 — ☐

☐ — 8 — ☐

08 곰 인형의 수보다 1만큼 더 작은 수와 1만큼 더 큰 수를 구하세요.

1만큼 더 작은 수: ☐

1만큼 더 큰 수: ☐

09 〈보기〉와 같이 빨간색과 노란색으로 색칠해 보세요.

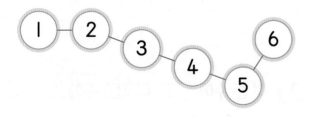

10 ☐ 안에 알맞은 수를 써넣으세요.

(1) ☐ 은 5보다 1만큼 더 큰 수입니다.

(2) 5는 ☐ 보다 1만큼 더 작은 수입니다.

11 ☐ 안에 알맞은 수를 써넣으세요.

20△△년 ○월 ○일　날씨: 맑음

우리 가족은 3명이다.

이제 곧 동생이 태어나면 우리 가족은

한 명 더 많은 ☐ 명이 된다.

동생을 빨리 만나고 싶다.

힌트 톡! 지금 우리 가족의 수보다 1만큼 더 큰 수를 쓰면 돼.

12 희주는 지호네 바로 아랫집에 삽니다. 희주네 집은 몇 층일까요?

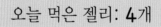

지호네 집: **2**층

희주네 집: ☐ 층

교과역량 콕! 문제해결 | 연결

13 준호가 어제 먹은 젤리는 몇 개일까요?

오늘 먹은 젤리: **4**개

어제는 젤리를 오늘보다 하나 더 많이 먹었어.

준호

(　　　　　)

5 0 알아보기
개념 020쪽

14 아무것도 없는 것을 나타내는 수를 쓰고, 읽어 보세요.

쓰기	읽기

15 수박의 수보다 1만큼 더 작은 수를 찾아 ○표 하세요.

 (0 , 1 , 2 , 3 , 4)

16 펼친 손가락의 수를 세어 ☐ 안에 알맞은 수를 써넣으세요.

☐ ☐ ☐ ☐

교과역량 콕! 의사소통

17 그림을 보고 ☐ 안에 알맞은 수를 써넣으세요.

모자를 쓴 학생은 ☐명입니다.

6 수의 크기 비교
개념 022쪽

18 수만큼 ○를 그리고, 알맞은 말에 ○표 하세요.

4					
8					

4는 8보다 (큽니다 , 작습니다).

8은 4보다 (큽니다 , 작습니다).

19 빈칸에 색연필의 수를 쓰고, 더 큰 수에 ○표 하세요.

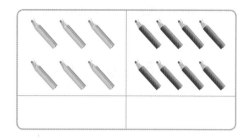

20 더 큰 수에 ○표, 더 작은 수에 △표 하세요.

(1) 9 2

(2) 1 3

21 더 큰 수를 말한 사람은 누구일까요?

(   )

22 6보다 작은 수에 모두 색칠해 보세요.

I	2	3	4	5	6	7	8	9

23 가운데 수보다 큰 수를 모두 찾아 색칠해 보세요.

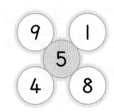

24 그림을 보고 가장 큰 수에 ◯표 하세요.

🍄🍄🍄🍄🍄🍄	6
🍄🍄🍄	3
🍄🍄🍄🍄🍄🍄🍄🍄🍄	9

25 삼각김밥과 주먹밥의 수를 세어 쓰고, 두 수의 크기를 비교해 보세요.

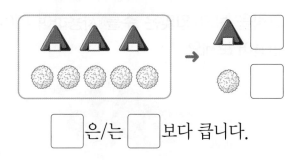

[ ] 은/는 [ ] 보다 큽니다.

26 수 카드를 보고 가장 큰 수와 가장 작은 수를 쓰세요.

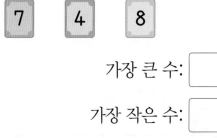

가장 큰 수: [ ]

가장 작은 수: [ ]

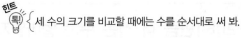 힌트 톡! 세 수의 크기를 비교할 때에는 수를 순서대로 써 봐.

교과역량 콕! 문제해결

27 풍선에 적힌 수를 작은 수부터 차례로 쓰세요.

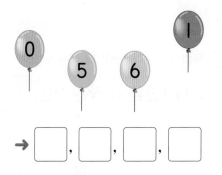

→ [ ] , [ ] , [ ] , [ ]

STEP 3 서술형 문제 잡기

1

그림을 보고 **알맞은 수**를 사용하여 이야기를 만들어 보세요.

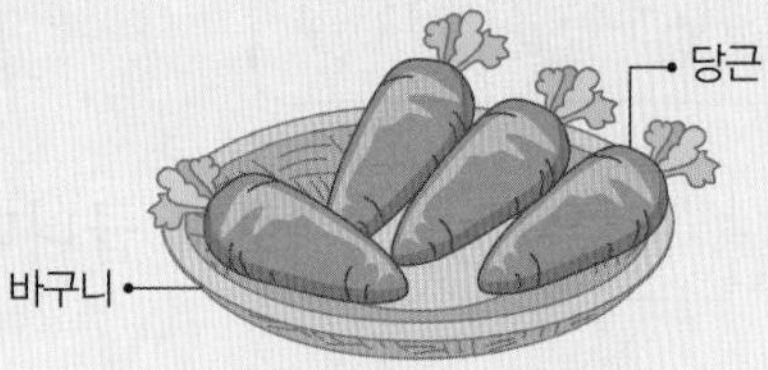

(이야기) 당근이 몇 개인지 문장으로 쓰기

바구니에 ☐ 이 ☐ 개 있습니다.

2

그림을 보고 **알맞은 수**를 사용하여 이야기를 만들어 보세요.

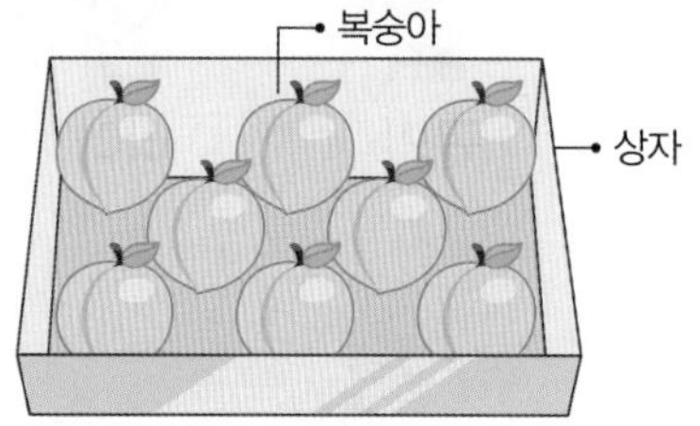

(이야기) 복숭아가 몇 개인지 문장으로 쓰기

3

물컵의 수보다 **1만큼 더 작은 수**는 얼마인지 풀이 과정을 쓰고, 답을 구하세요.

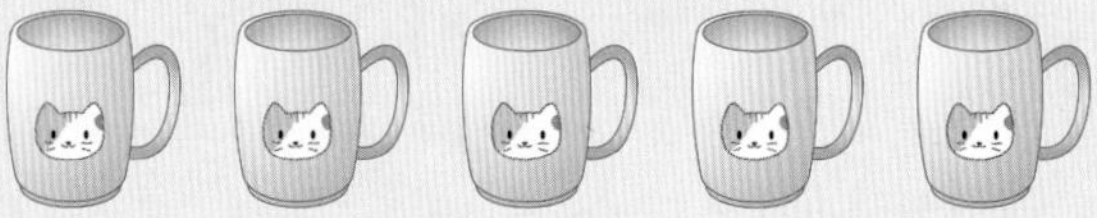

(1단계) 물컵의 수가 몇인지 쓰기

물컵의 수는 ☐ 입니다.

(2단계) 물컵의 수보다 1만큼 더 작은 수 쓰기

☐ 보다 1만큼 더 작은 수는 ☐ 입니다.

(답)

4

우유병의 수보다 **1만큼 더 큰 수**는 얼마인지 풀이 과정을 쓰고, 답을 구하세요.

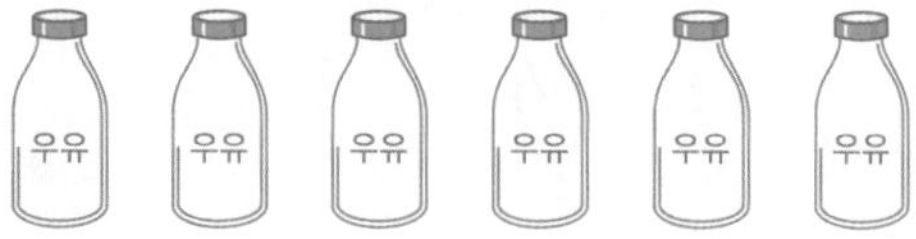

(1단계) 우유병의 수가 몇인지 쓰기

(2단계) 우유병의 수보다 1만큼 더 큰 수 쓰기

(답)

5

색종이를 연주는 **5**장, 준호는 **9**장 가지고 있습니다. 색종이를 **더 많이** 가지고 있는 사람은 누구인지 풀이 과정을 쓰고, 답을 구하세요.

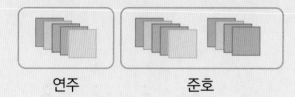

연주   준호

(1단계) 5와 9 중에서 더 큰 수 찾기

5와 **9** 중에서 더 큰 수는 ☐ 입니다.

(2단계) 색종이를 더 많이 가지고 있는 사람 쓰기

따라서 색종이를 더 많이 가지고 있는 사람은 ☐ 입니다.

답 _____

6

연필을 승희는 **2**자루, 민규는 **4**자루 가지고 있습니다. 연필을 **더 적게** 가지고 있는 사람은 누구인지 풀이 과정을 쓰고, 답을 구하세요.

승희   민규

(1단계) 2와 4 중에서 더 작은 수 찾기

_____

_____

_____

(2단계) 연필을 더 적게 가지고 있는 사람 쓰기

_____

_____

답 _____

7

연서가 고른 수 카드에 ◯표 하고, 오른쪽에서 몇째인지 구하세요.

연서

나는 **2**가 적힌 수 카드를 고를래.

6 2 5 4 9 7

(1단계) 연서가 고른 수에 ◯표 하기

연서가 고른 수: ☐ 에 ◯표

(2단계) 오른쪽에서 몇째인지 구하기

연서가 고른 수: 오른쪽에서 ☐

8

수 카드 중 한 장을 골라 ◯표 하고, 오른쪽에서 몇째인지 구하세요.

마음에 드는 수 카드를 골라 봐.

7 4 1 6 8 5

(1단계) 수 카드 한 장을 골라 ◯표 하기

내가 고른 수: ☐ 에 ◯표

(2단계) 오른쪽에서 몇째인지 구하기

내가 고른 수: 오른쪽에서 ☐

맞힌 개수

01 수를 세어 알맞은 말에 ◯표 하세요.

| 하나 | 둘 | 셋 | 넷 | 다섯 |

02 알맞은 것끼리 이어 보세요.

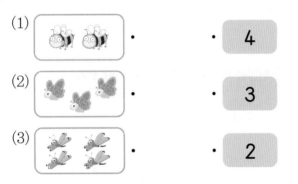

(1) · · 4

(2) · · 3

(3) · · 2

03 자전거의 수를 세어 ◯표 하세요.

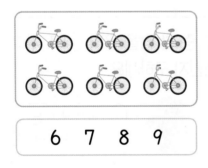

6 7 8 9

04 그림의 수를 세어 ☐ 안에 알맞은 수를 써넣으세요.

05 수를 순서대로 이어 보세요.

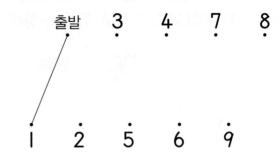

출발 3 4 7 8

1 2 5 6 9

06 빈 곳에 알맞은 수를 써넣으세요.

1만큼 더 작은 수   1만큼 더 큰 수

◯ ── 1 ── ◯

07 그림을 보고 알맞게 이어 보세요.

(1) 위에서 둘째 쌓기나무 ·

(2) 아래에서 넷째 쌓기나무 ·

(3) 위에서 여덟째 쌓기나무 ·

(4) 아래에서 셋째 쌓기나무 ·

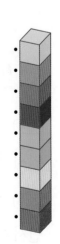

08 과자의 수를 세어 ☐ 안에 알맞은 수를 써 넣으세요.

☐ ☐ ☐

09 꽃의 수보다 1만큼 더 작은 수는 얼마인지 쓰세요.

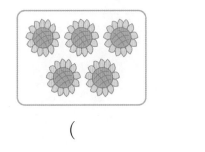

(   )

10 왼쪽에서부터 세어 알맞게 색칠해 보세요.

| 6 | ♡♡♡♡♡♡♡♡♡ |
| 여섯째 | ♡♡♡♡♡♡♡♡♡ |

11 복숭아의 수보다 1만큼 더 큰 수에 ◯표, 1만큼 더 작은 수에 △표 하세요.

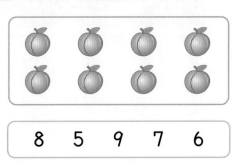

8   5   9   7   6

12 가운데 수보다 작은 수를 모두 찾아 색칠해 보세요.

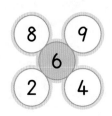

13 그림을 보고 알맞은 말에 ◯표 하세요.

여행책은 왼쪽에서
(셋째 , 다섯째)에 있습니다.

14 ☐ 안에 알맞은 수를 써넣으세요.

9는 ☐ 보다 1만큼 더 큰 수입니다.

15 주경이가 어제 먹은 귤은 몇 개일까요?

오늘 먹은 귤: **5**개

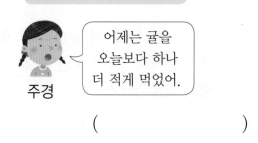

어제는 귤을 오늘보다 하나 더 적게 먹었어.

주경

(   )

[16~17] 그림을 보고 물음에 답하세요.

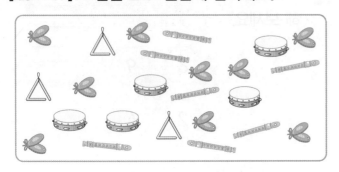

16 위 그림에 있는 악기의 수를 세어 쓰세요.

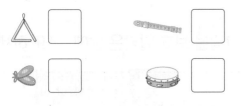

17 가장 많은 악기에 ◯표 하세요.

(   ) (   ) (   ) (   )

18 6명이 한 줄로 서 있습니다. 희철이가 앞에서 둘째에 서 있다면 희철이 뒤에는 몇 명이 있을까요?

(   )

서술형

19 그림을 보고 알맞은 수를 사용하여 이야기를 만들어 보세요.

이야기 _____

_____

20 오렌지주스가 **4**병, 포도주스가 **7**병 있습니다. 더 많이 있는 주스는 어떤 주스인지 풀이 과정을 쓰고, 답을 구하세요.

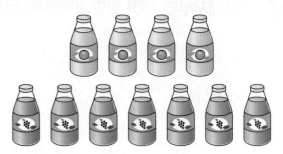

풀이 _____

_____

_____

답 _____

0, 1, 2, 3, 4, 5, 6, 7, 8, 9 숫자들이 모두 바닷속에 숨어 버렸어요.
숫자들이 없으면 수를 나타낼 수가 없는데 큰일이에요!
숨어 있는 숫자들을 모두 찾아주세요.

정답은 개념책 144쪽에서 확인하세요.

2

여러 가지 모양

학습을 끝낸 후
색칠하세요.

교과서
개념 잡기

수학익힘
문제 잡기

❶ 여러 가지 모양 찾기
❷ 여러 가지 모양 알아보기
❸ 여러 가지 모양으로 만들기

⊙ 이전에 배운 내용

[누리과정]
물체 관찰하기
물체의 위치, 방향, 모양 구별하기

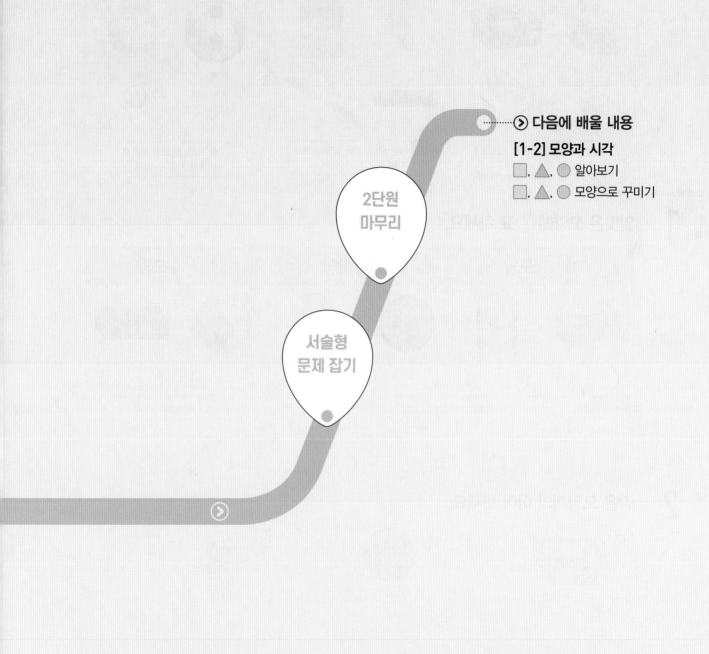

⊙ 다음에 배울 내용

[1-2] 모양과 시각

■, ▲, ● 알아보기

■, ▲, ● 모양으로 꾸미기

2단원
마무리

서술형
문제 잡기

교과서 개념 잡기

개념 강의

① 여러 가지 모양 찾기

⬚, ⬤, ◯ 모양의 물건 찾기

⬚ 모양	⬤ 모양	◯ 모양
상자 모양, 지우개 모양 등으로 이름을 지을 수 있어.	둥근 기둥 모양, 깡통 모양 등으로 이름을 지을 수 있어.	구슬 모양, 공 모양 등으로 이름을 지을 수 있어.

개념 확인 1 알맞은 모양에 ◯표 하세요.

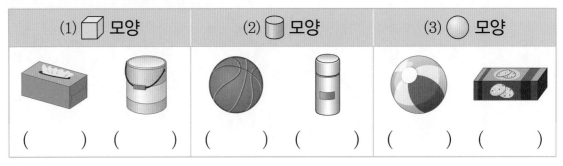

(1) ⬚ 모양	(2) ⬤ 모양	(3) ◯ 모양
( ) ( )	( ) ( )	( ) ( )

2 같은 모양끼리 이어 보세요.

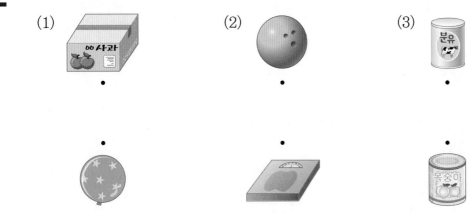

(1)   (2)   (3)

3 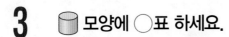 모양에 ◯표 하세요.

(　　) 　　 (　　) 　　 (　　)

4 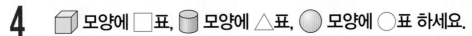 모양에 ☐표, 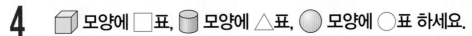 모양에 △표, 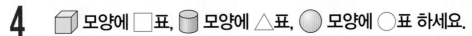 모양에 ◯표 하세요.

(　　) 　　 (　　) 　　 (　　)

5 ◯ 모양의 물건을 모두 찾아 기호를 쓰세요.

(　　　　　　　　)

6 어떤 모양의 물건을 모은 것인지 알맞은 모양에 ◯표 하세요.

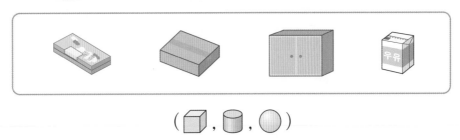

(☐ , ⬭ , ◯)

② 여러 가지 모양 알아보기

⬛, 🛢, ⚪ 모양 알아보기

(1) ⬛ 모양: 뾰족한 부분과 평평한 부분이 있습니다.

(2) 🛢 모양: 평평한 부분과 둥근 부분이 있습니다.

(3) ⚪ 모양: 둥근 부분이 있습니다.

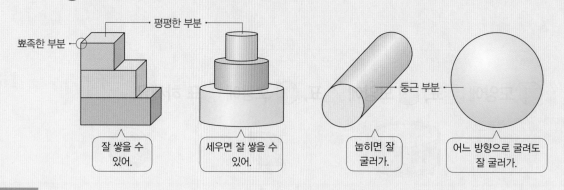

뾰족한 부분 ── 평평한 부분

둥근 부분

| 잘 쌓을 수 있어. | 세우면 잘 쌓을 수 있어. | 눕히면 잘 굴러가. | 어느 방향으로 굴려도 잘 굴러가. |

개념 확인 1 ⬛, 🛢, ⚪ 모양에 대한 설명입니다. ☐ 안에 알맞은 말을 써넣으세요.

(1) ⬛ 모양: ☐한 부분과 ☐한 부분이 있습니다.

(2) 🛢 모양: ☐한 부분과 ☐ 부분이 있습니다.

(3) ⚪ 모양: ☐ 부분이 있습니다.

2 연서가 설명하는 모양으로 알맞은 것에 ◯표 하세요.

평평한 부분과 둥근 부분이 있어.

연서

(   )   (   )   (   )

3 잘 쌓을 수 <u>없는</u> 모양을 모두 찾아 기호를 쓰세요.

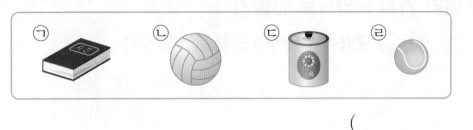

(   )

4 설명에 알맞은 모양의 물건을 찾아 ◯표 하세요.

세우면 잘 쌓을 수 있고 눕히면 잘 굴러갑니다.

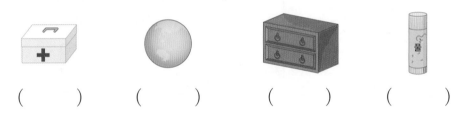

(   )   (   )   (   )   (   )

5 물건에 대한 설명으로 알맞은 것을 찾아 이어 보세요.

(1)   (2)   (3)

잘 쌓을 수 있고 잘 굴릴 수도 있습니다.	잘 쌓을 수 있지만 잘 굴릴 수는 없습니다.	잘 쌓을 수는 없지만 잘 굴릴 수 있습니다.

③ 여러 가지 모양으로 만들기

⬜, 🟦, ⚪ 모양을 사용하여 인형 모양 만들기

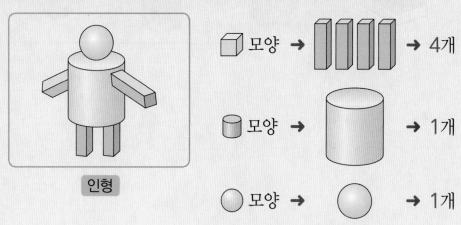

인형

⬜ 모양 → ▮▮▮▮ → 4개

🟦 모양 → → 1개

⚪ 모양 → → 1개

개념 확인 **1** 자동차 모양을 만드는 데 ⬜, 🟦, ⚪ 모양을 각각 몇 개 사용했는지 세어 보세요.

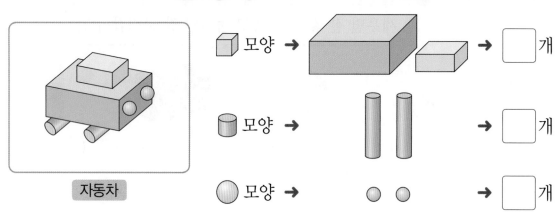

자동차

⬜ 모양 → → ☐ 개

🟦 모양 → → ☐ 개

⚪ 모양 → → ☐ 개

2 사용한 모양을 모두 찾아 ◯표 하세요.

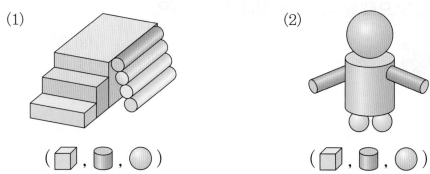

(1)

(⬜ , 🟦 , ⚪)

(2)

(⬜ , 🟦 , ⚪)

3 사용하지 <u>않은</u> 모양을 찾아 ×표 하세요.

(1)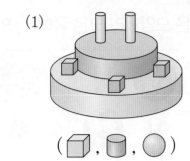

(▢ , ▯ , ◯)

(2)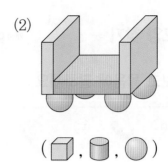

(▢ , ▯ , ◯)

4 ▢, ▯, ◯ 모양을 각각 몇 개 사용했는지 세어 보세요.

(1)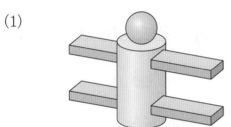

▢ 모양	▯ 모양	◯ 모양
▢ 개	▢ 개	▢ 개

(2)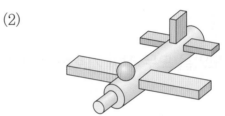

▢ 모양	▯ 모양	◯ 모양
▢ 개	▢ 개	▢ 개

5 〈 보기 〉의 모양만 사용하여 만들 수 있는 모양에 ◯표 하세요.

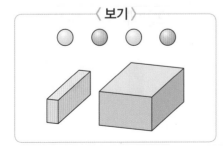

〈 보기 〉

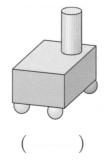

(   )

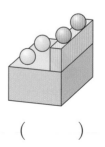

(   )

1 **여러 가지 모양 찾기** 개념 036쪽

[01~03] 그림을 보고 물음에 답하세요.

01 ⬜ 모양을 모두 찾아 기호를 쓰세요.

(   )

02 ⬛ 모양을 모두 찾아 기호를 쓰세요.

(   )

03 ⚪ 모양을 찾아 기호를 쓰세요.

(   )

04 김밥과 같은 모양의 물건을 찾아 ◯표 하세요.

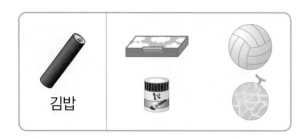

05 같은 모양끼리 모은 쪽에 ◯표 하세요.

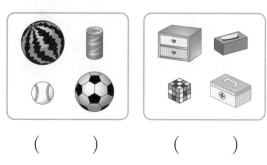

(   )   (   )

06 같은 모양끼리 이어 보세요.

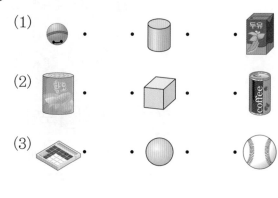

(1)
(2)
(3)

07 같은 모양끼리 모은 것입니다. 잘못 모은 모양에 ✕표 하세요.

(   ) (   ) (   ) (   )

08 그림에서 찾을 수 <u>없는</u> 모양에 ✕표 하세요.

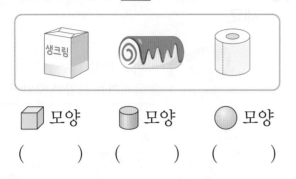

⬜ 모양   🛢 모양   ⚪ 모양

(   )   (   )   (   )

교과역량 콕! 정보처리

09 필통과 같은 모양이 있는 칸을 모두 찾아 색칠해 보세요.

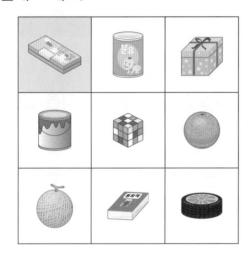

10 냉장고를 보고 모양의 이름을 알맞게 지은 친구는 누구인가요?

둥근 기둥 모양 이라고 부를래.

네모난 상자 모양 이라고 부르자.

미나   연서

(   )

---

2 **여러 가지 모양 알아보기**   개념 038쪽

11 상자 구멍으로 보이는 모양을 보고 어떤 모양인지 알맞은 것에 ◯표 하세요.

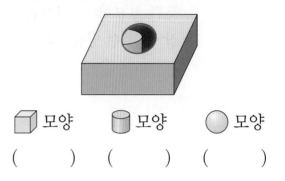

⬜ 모양   🛢 모양   ⚪ 모양

(   )   (   )   (   )

12 보이는 모양과 같은 모양의 물건을 모두 찾아 이어 보세요.

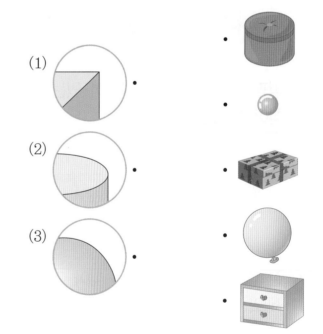

(1)

(2)

(3)

13 잘 쌓을 수 <u>없는</u> 모양의 물건을 찾아 ◯표 하세요.

(   )   (   )   (   )

14 ⬤ 모양에 대한 설명으로 알맞은 것을 모두 찾아 기호를 쓰세요.

> ㉠ 평평한 부분이 있습니다.
> ㉡ 둥근 부분이 있습니다.
> ㉢ 잘 굴릴 수 있습니다.

( )

[15~17] 그림을 보고 물음에 답하세요.

15 평평한 부분과 둥근 부분이 있는 모양을 찾아 기호를 쓰세요.

( )

16 잘 쌓을 수 없는 모양을 찾아 기호를 쓰세요.

( )

17 잘 굴러가는 모양을 모두 찾아 기호를 쓰세요.

( )

교과역량 콕! 정보처리

18 현우가 모은 물건을 모두 찾아 기호를 쓰세요.

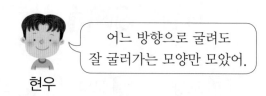

현우
> 어느 방향으로 굴려도 잘 굴러가는 모양만 모았어.

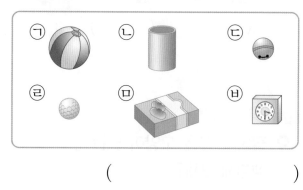

( )

19 🔲 모양과 🛢 모양의 다른 점입니다. 알맞은 말에 ◯표 하세요.

> 🔲 모양은 (평평한 , 둥근) 부분이 없지만 🛢 모양은 있습니다.

3 여러 가지 모양으로 만들기   개념 040쪽

20 🔲 모양을 모두 몇 개 사용하여 만들었는지 구하세요.

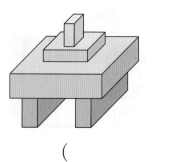

( )

21 모양은 초록색, 모양은 빨간색, 모양은 노란색으로 색칠해 보세요.

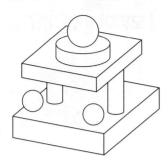

24 두 그림에서 서로 다른 부분을 모두 찾아 아래쪽 그림에 ◯표 하세요.

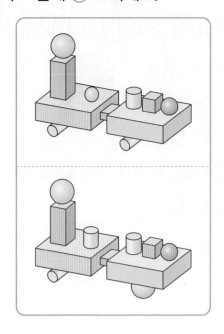

22 , , 모양을 각각 몇 개 사용했는지 세어 보세요.

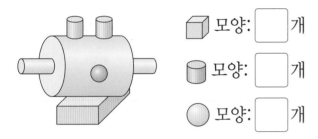

◻ 모양: ☐ 개

▯ 모양: ☐ 개

◯ 모양: ☐ 개

교과역량 콕! 문제해결

25 여러 가지 모양으로 기린을 만들었습니다. 가장 많이 사용한 모양에 ◯표 하세요.

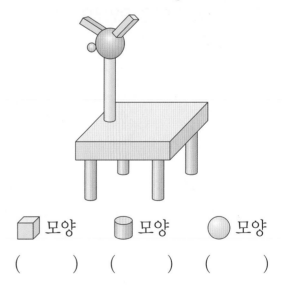

◻ 모양   ▯ 모양   ◯ 모양

( )   ( )   ( )

23 주어진 모양을 모두 사용하여 만든 모양을 찾아 이어 보세요.

(1)

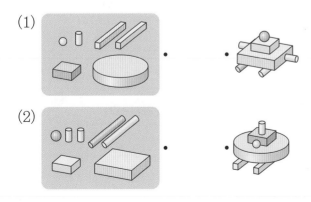

(2)

1

사탕 통이 ⬜ **모양**이 <u>아닌</u> 이유를 쓰세요.

(이유) ⬜ 모양의 특징 생각하여 이유 쓰기

사탕 통에는 [   ]

때문입니다.

2

배구공이 🛢 **모양**이 <u>아닌</u> 이유를 쓰세요.

(이유) 🛢 모양의 특징 생각하여 이유 쓰기

_____

_____

3

보이는 모양은 어떤 모양인지 쓰고, 이 모양의 특징을 2가지 쓰세요.

(1단계) 보이는 모양이 어떤 모양인지 쓰기

보이는 모양은 (⬜ , 🛢 , ⚪) 모양입니다.

(2단계) 보이는 모양의 특징을 2가지 쓰기

· [   ] 부분이 있습니다.

· 잘 [   ].

4

보이는 모양은 어떤 모양인지 쓰고, 이 모양의 특징을 2가지 쓰세요.

(1단계) 보이는 모양이 어떤 모양인지 쓰기

_____

_____

(2단계) 보이는 모양의 특징을 2가지 쓰기

_____

_____

5

⬜, 🟡, ⚪ 모양으로 케이크를 만들었습니다. **가장 많이** 사용한 모양은 어떤 모양인지 풀이 과정을 쓰고, 답을 구하세요.

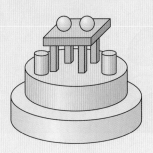

1단계 사용한 모양의 수 각각 구하기

⬜ 모양은 [　]개, 🟡 모양은 [　]개, ⚪

모양은 [　]개를 사용했습니다.

2단계 가장 많이 사용한 모양 찾기
따라서 가장 많이 사용한 모양은
(⬜ , 🟡 , ⚪) 모양입니다.

답 (⬜ , 🟡 , ⚪) 모양

6

⬜, 🟡, ⚪ 모양으로 로봇을 만들었습니다. **가장 적게** 사용한 모양은 어떤 모양인지 풀이 과정을 쓰고, 답을 구하세요.

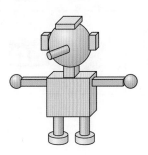

1단계 사용한 모양의 수 각각 구하기

_____

_____

2단계 가장 적게 사용한 모양 찾기

_____

_____

답 (⬜ , 🟡 , ⚪) 모양

7

자전거의 **바퀴**를 ⬜ **모양으로 바꾼다면** 어떤 일이 생길지 이야기해 보세요.

이야기 모양의 특징을 포함하여 이야기하기

⬜ 모양의 바퀴는 둥근 부분이 없어서

잘 [　　　　　　　　　　　].

8

창의형

⚪ **모양의 통**을 **쌓아 올린다면** 어떤 일이 생길지 이야기해 보세요.

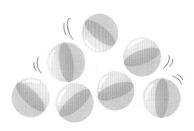

이야기 모양의 특징을 포함하여 이야기하기

_____

_____

2. 여러 가지 모양 **047**

01 왼쪽과 같은 모양의 물건을 찾아 ◯표 하세요.

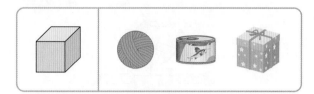

02 🥫 모양에 ◯표 하세요.

(   ) (   ) (   )

03 ⬜ 모양에 □표, 🥫 모양에 △표, ⬤ 모양에 ◯표 하세요.

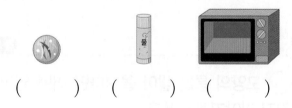

(   ) (   ) (   )

04 어떤 모양의 물건을 모은 것인지 알맞은 모양에 ◯표 하세요.

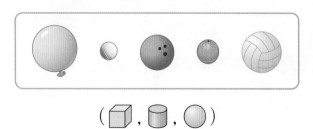

(⬜ , 🥫 , ⬤)

05 보이는 모양과 같은 모양을 찾아 이어 보세요.

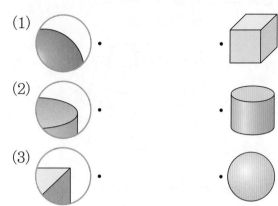

(1)

(2)

(3)

06 〈 보기 〉의 모양과 같은 모양의 물건을 찾아 ◯표 하세요.

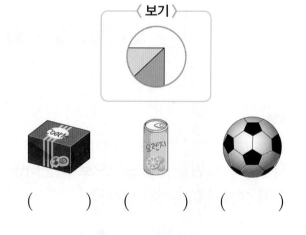

(   ) (   ) (   )

07 알맞은 모양에 ◯표 하세요.

어느 쪽에서 보아도 둥글게 보이는 모양은 (⬜ , 🥫 , ⬤)모양입니다.

08 같은 모양끼리 모은 것입니다. 잘못 모은 모양에 ×표 하세요.

(   ) (   ) (   ) (   )

[09~11] 그림을 보고 물음에 답하세요.

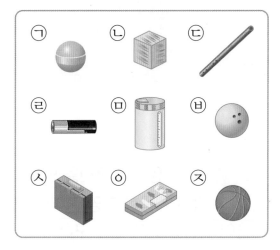

09 모양을 모두 찾아 기호를 쓰세요.

(   )

10 모양을 모두 찾아 기호를 쓰세요.

(   )

11 모양을 모두 찾아 기호를 쓰세요.

(   )

[12~13] 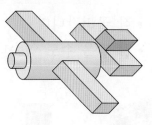 모양을 사용하여 만든 비행기를 보고 물음에 답하세요.

12 모양을 몇 개 사용했나요?

(   )

13 사용하지 않은 모양에 ◯표 하세요.

14 ⬛, 🔵, ⚪ 모양을 각각 몇 개 사용했는지 세어 보세요.

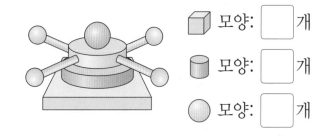

⬛ 모양: ☐ 개

🔵 모양: ☐ 개

⚪ 모양: ☐ 개

15 잘못 설명한 사람의 이름을 쓰세요.

- 진호: 🔵 모양은 눕히면 잘 굴러가.
- 혜성: ⚪ 모양은 잘 쌓을 수 있어서 정리하기가 편해.

(   )

16 설명하는 모양의 물건을 찾아 기호를 쓰세요.

> • 잘 굴러갑니다.
> • 잘 쌓을 수도 있습니다.

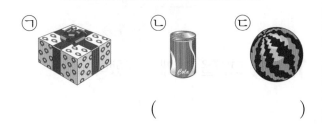

( )

17 어느 방향으로도 잘 굴러가지 <u>않는</u> 모양의 물건을 모두 찾아 기호를 쓰세요.

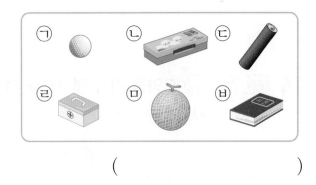

( )

18 〈보기〉의 모양을 모두 사용하여 만든 모양을 찾아 기호를 쓰세요.

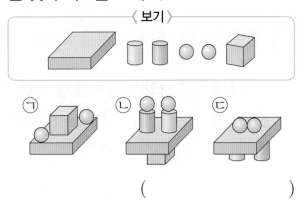

( )

19 보이는 모양은 어떤 모양인지 찾아 ◯표하고, 이 모양의 특징을 **2**가지 쓰세요.

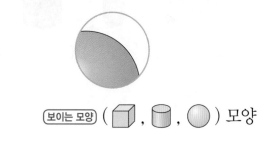

보이는 모양 (⬜ , 🛢 , ⚪) 모양

특징

20 ⬜, 🛢, ⚪ 모양으로 궁전을 만들었습니다. 가장 많이 사용한 모양은 어떤 모양인지 풀이 과정을 쓰고, 답을 구하세요.

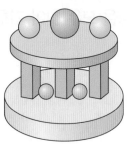

풀이

답 (⬜ , 🛢 , ⚪) 모양

몬스터들이 모여서 댄스 대회를 열었어요.
조명이 켜지기 전에는 그림자밖에 안 보이네요!
그림자와 몬스터를 알맞게 이어 보세요.

정답은 개념책 144쪽에서 확인하세요.

3

덧셈과 뺄셈

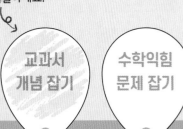

이전에 배운 내용
[1-1] 9까지의 수
9까지의 수 읽고 쓰기

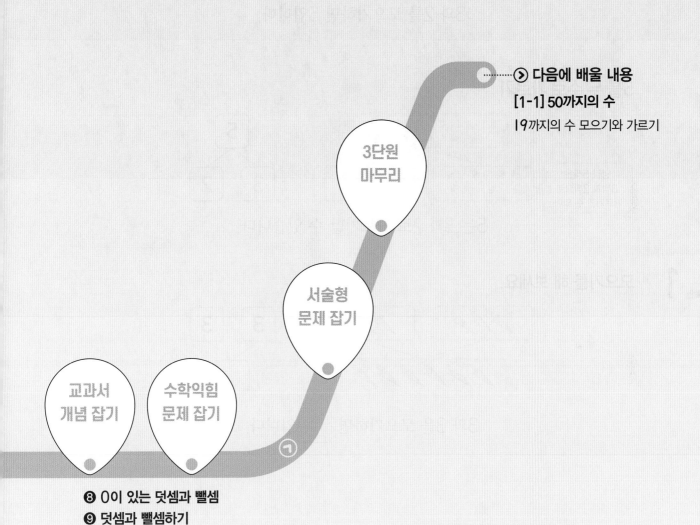

⊙ **다음에 배울 내용**

[1-1] 50까지의 수

19까지의 수 모으기와 가르기

3단원
마무리

서술형
문제 잡기

교과서
개념 잡기

수학익힘
문제 잡기

❽ 0이 있는 덧셈과 뺄셈

❾ 덧셈과 뺄셈하기

교과서 개념 잡기

개념 강의

① 모으기와 가르기⑴ ▶ 그림을 보고 모으기와 가르기

3과 2를 모으기

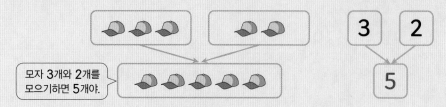

모자 3개와 2개를 모으기하면 5개야.

3과 2를 모으기하면 5입니다.

5를 두 수로 가르기

양말 5짝은 3짝과 2짝으로 가르기할 수 있어.

5는 3과 2로 가르기할 수 있습니다.

개념 확인 1 모으기를 해 보세요.

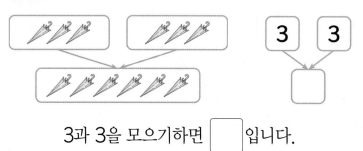

3과 3을 모으기하면 ☐입니다.

개념 확인 2 가르기를 해 보세요.

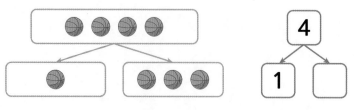

4는 1과 ☐(으)로 가르기할 수 있습니다.

3 빈 곳에 알맞은 그림의 수만큼 ◯를 그려 보세요.

(1)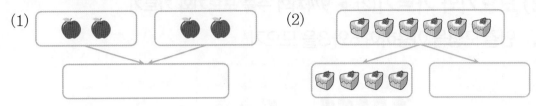

(2)

4 모으기와 가르기를 해 보세요.

(1)

3 □

(2)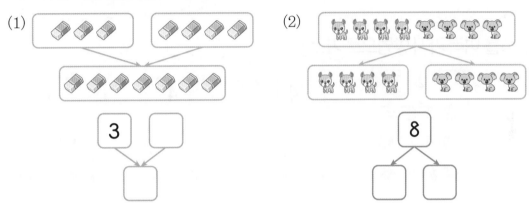

8

5 그림을 보고 모으기를 해 보세요.

5   2

6 그림을 보고 가르기를 해 보세요.

9

4   □

2 모으기와 가르기(2) ▶ 9까지의 수를 모으기와 가르기

연결 모형을 이용하여 5와 3을 모으기

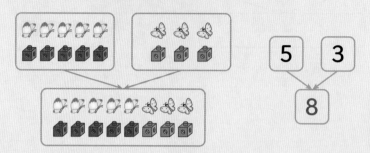

나비의 수만큼 연결 모형을 놓아 5와 3을 모으기하면 8입니다.

4를 여러 가지 방법으로 가르기

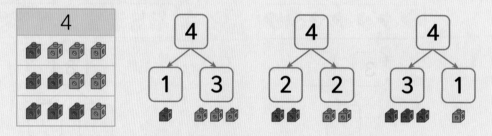

4는 1과 3, 2와 2, 3과 1로 가르기할 수 있습니다.

개념 확인 **1** 연결 모형을 이용하여 가르기를 해 보세요.

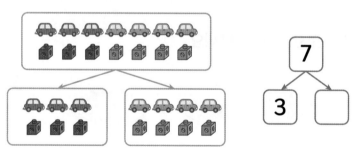

2 모으기와 가르기를 해 보세요.

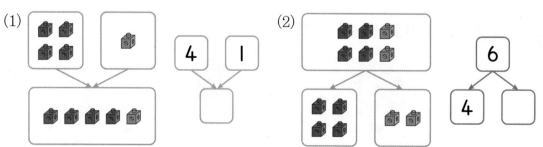

3 6을 여러 가지 방법으로 가르기해 보세요.

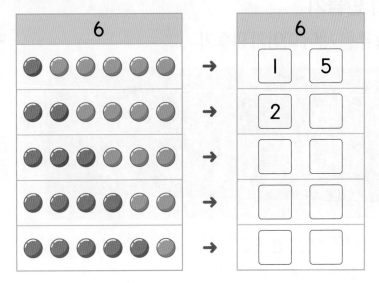

4 모으기와 가르기를 해 보세요.

(1)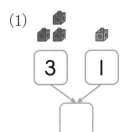

(2)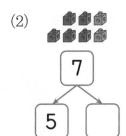

5 모으기를 해 보세요.

(1)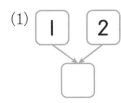

(2)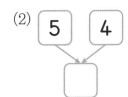

(3)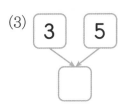

6 가르기를 해 보세요.

(1)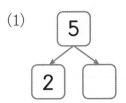

(2)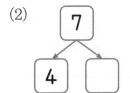

(3)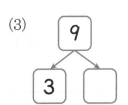

STEP 1 교과서 개념 잡기

③ 이야기 만들기

그림 속 수를 세어 이야기 만들기

이야기를 만들 때 쓰는 말	
모은다	모으기할 때
가른다	가르기할 때
더 많다	두 수를
더 적다	비교할 때
모두	전체 수를 이야기할 때
남는다	수가 줄었을 때

이야기 1 그네를 타는 친구 2명과 시소를 타는 친구 4명을 모으면 모두 6명입니다.

이야기 2 시소를 타는 친구는 그네를 타는 친구보다 2명 더 많습니다.

개념 확인 1 그림을 보고 ☐ 안에 알맞은 수를 써넣으세요.

이야기 1 빨간색 풍선 3개와 노란색 풍선 4개를 모으면 모두 ☐ 개입니다.

이야기 2 빨간색 풍선이 노란색 풍선보다 ☐ 개 더 적습니다.

2 그림을 보고 알맞은 말에 ◯표 하세요.

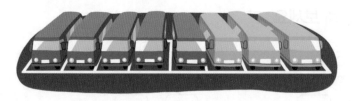

파란색 버스는 초록색 버스보다 **2**대 더 (많습니다 , 적습니다).

3 그림 상황에 맞는 이야기를 찾아 ◯표 하세요.

나무에 새가 5마리 앉아 있었는데 3마리가 날아가서 2마리가 남았습니다.	날아가고 있는 새는 나무에 앉아 있는 새보다 2마리 더 많습니다.
( )	( )

4 그림을 보고 이야기를 만들었습니다. ☐ 안에 알맞은 수를 써넣으세요.

(1)

[이야기] 어른은 4명이고 어린이는 ☐명이므로 모두 ☐명입니다.

(2)

[이야기] 소 8마리 중 ☐마리가 밖으로 나가서 울타리 안에는 ☐마리가

남았습니다.

1 모으기와 가르기(1)

개념 054쪽

[01~04] 모으기와 가르기를 해 보세요.

01

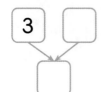

3 ☐ → ☐

02

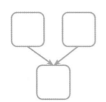

☐ ☐ → ☐

03

8
→ ☐ ☐

04

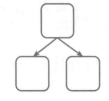

☐ → ☐ ☐

---

05 모으기를 해 보세요.

(1)

☐ ☐ → ☐

(2)

☐ ☐ → ☐

 힌트 톡! 그림에 있는 점의 수를 세어 모으기를 해 봐!

06 가르기를 해 보세요.

(1)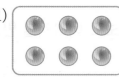

☐ → 1 ☐

(2)

☐ → ☐ 5

교과역량 콕! 추론

07 가르기한 두 수가 같도록 빈칸에 알맞은 수를 써넣으세요.

4
→ ☐ ☐

교과역량 콕! 정보처리

08 그림을 보고 두 가지 방법으로 가르기를 해 보세요.

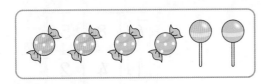

(1) 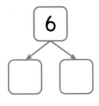 와 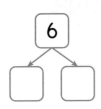 로 가르기

```
    6
   / \
  □   □
```

(2) 노란색과 초록색으로 가르기

```
    6
   / \
  □   □
```

09 〈보기〉와 같이 두 가지 색으로 칸을 칠하고, 수를 써넣으세요.

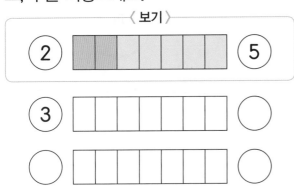

교과역량 콕! 추론

10 점의 수를 모으기하면 4가 되도록 빈칸에 점을 그려 보세요.

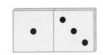 

---

② **모으기와 가르기 ⑵**   개념 056쪽

[11~12] 모으기와 가르기를 해 보세요.

11

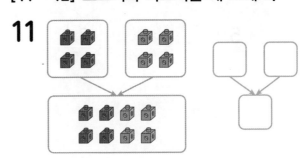

12

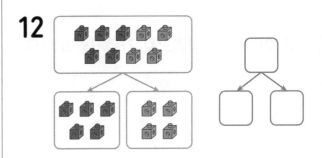

13 그림을 보고 모으기와 가르기를 해 보세요.

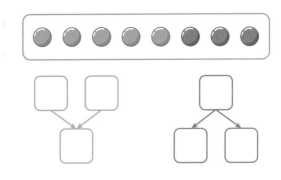

14 잘못 모으기한 것에 ×표 하세요.

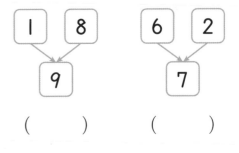

(   )   (   )

15 빈칸에 알맞은 수를 써넣으세요.

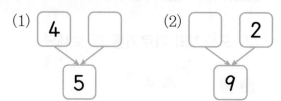

(1) 4 □ → 5

(2) □ 2 → 9

16 9를 여러 가지 방법으로 가르기해 보세요.

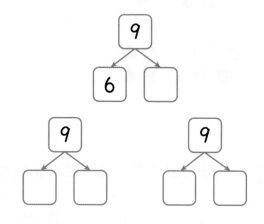

9 → 6 □

9 → □ □

9 → □ □

17 모으기하여 6이 되는 두 수를 이어 보세요.

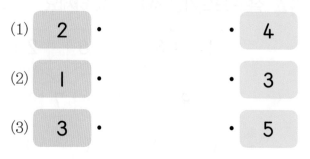

(1) 2 •　　• 4

(2) 1 •　　• 3

(3) 3 •　　• 5

18 모으기하여 7이 되는 두 수를 모두 찾아 묶어 보세요.

6	8	5
1	4	2
3	9	7

19 8을 가르기한 두 수가 적힌 곳을 모두 찾아 색칠해 보세요.

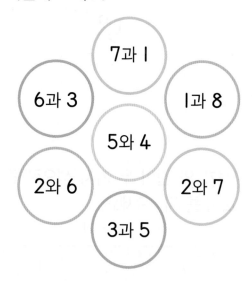

7과 1
6과 3
1과 8
5와 4
2와 6
2와 7
3과 5

교과역량 콕! 문제해결

20 주경이와 현우가 가진 수 카드의 수를 알맞게 써넣으세요.

내 수 카드의 수가 더 커.

두 수를 모으기 하면 4야.

주경　　　현우

③ 이야기 만들기　　　개념 058쪽

[21~23] 〈보기〉에서 알맞은 말을 찾아 ☐ 안에 써넣으세요.

〈보기〉
모으면, 가르면,
많습니다, 적습니다, 남았습니다

21

(이야기) 안경을 쓰지 않은 친구는 안경을 쓴

친구보다 1명 더 ☐　　　.

22

(이야기) 물 속에 있는 하마 3마리와 물 밖

에 있는 하마 6마리를 ☐ 모두

9마리입니다.

23

(이야기) 꽃이 5송이 피어 있었는데 2송이가

시들어서 3송이만 ☐　　　.

24 그림을 보고 만든 이야기입니다. ☐ 안에 알맞은 수를 써넣으세요.

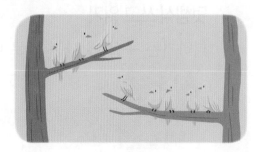

왼쪽 나뭇가지에 있는 새 ☐마리와

오른쪽 나뭇가지에 있는 새 ☐마리

를 모으면 모두 ☐마리입니다.

(교과역량 콕!) 의사소통 | 정보처리

25 그림을 보고 ☐ 안에 알맞은 수를 써넣고, 이야기를 만들어 보세요.

• 자전거를 타고 있는 친구: ☐명

• 걷고 있는 친구: ☐명

(이야기)

개념 강의

교과서 개념 잡기

④ 덧셈 알아보기

덧셈식 쓰고 읽기

더하기는 ＋로, 같다는 ＝로 나타냅니다.

덧셈식 4＋2＝6

읽기 4 더하기 2는 6과 같습니다.

4와 2의 합은 6입니다.

개념 확인

1 그림을 보고 덧셈식을 쓰고, 읽어 보세요.

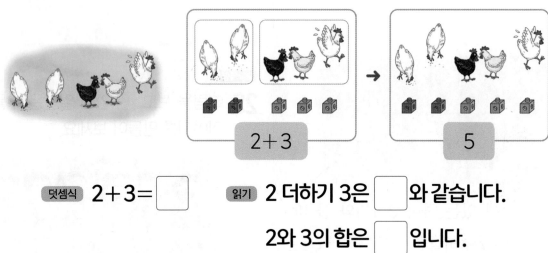

덧셈식 2＋3＝☐

읽기 2 더하기 3은 ☐ 와 같습니다.

2와 3의 합은 ☐ 입니다.

2 햄버거가 몇 개가 되었는지 덧셈식을 완성해 보세요.

수가 늘어난 덧셈 상황이야.

→ 4＋3＝☐

3 공이 모두 몇 개인지 구하는 덧셈식을 찾아 ○표 하세요.

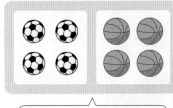

전체 수를 구하는 덧셈 상황이야.

$1+8=9$

$4+4=8$

(　　)

(　　)

4 그림에 알맞은 덧셈식을 찾아 이어 보세요.

(1)

(2)

(3)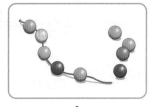

$3+3=6$

$4+1=5$

$5+4=9$

5 ☐ 안에 알맞은 수나 말을 써넣으세요.

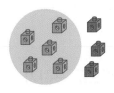

덧셈식 $5+3=8$

읽기 5 ☐ 3은 ☐ 과 같습니다.

5와 3의 ☐ 은 ☐ 입니다.

개념 강의

⑤ 덧셈하기

여러 가지 방법으로 덧셈하기

방법 1 모으기로 구하기

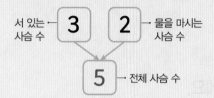

서 있는 사슴 수 → 3 2 ← 물을 마시는 사슴 수
→ 5 ← 전체 사슴 수

방법 2 연결 모형으로 구하기

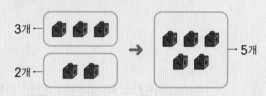

3개
2개
→ 5개

방법 3 수판으로 구하기

수판에 ○를 3개 그리고, 이어서 2개를 더 그리면 모두 5개입니다.

①	②	③	④	⑤

방법 4 덧셈식으로 나타내기

사슴 3마리와 2마리를 더하면 모두 5마리입니다.

$$3+2=5$$

개념 확인 1 오리는 모두 몇 마리인지 여러 가지 방법으로 알아보세요.

방법 1 모으기로 구하기

2 2
□

방법 2 연결 모형으로 구하기

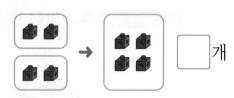

→ □개

방법 3 수판으로 구하기

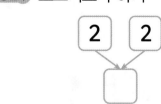

○	○			

오리의 수만큼 ○를 그려.

방법 4 덧셈식으로 나타내기

오리는 모두 □마리입니다.

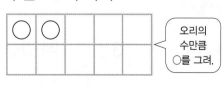

$$2+2=□$$

2 모으기를 이용하여 덧셈을 해 보세요.

(1)

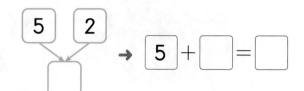

4 5

→ 4 + □ = □

(2)

5 2

→ 5 + □ = □

3 물고기의 수만큼 수판에 ○를 그리고, 덧셈식으로 나타내세요.

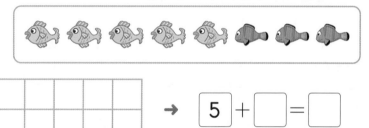

→ 5 + □ = □

4 알맞은 것끼리 이어 보세요.

(1)
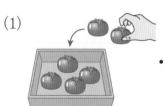
·

·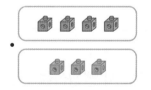

(2)

·

·

개념 강의

6 뺄셈 알아보기

뺄셈식 쓰고 읽기

빼기는 −로, 같다는 =로 나타냅니다.

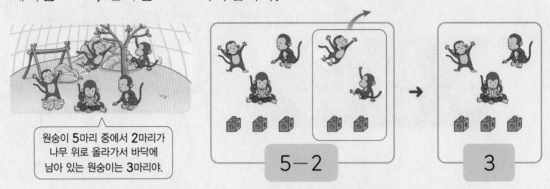

원숭이 5마리 중에서 2마리가
나무 위로 올라가서 바닥에
남아 있는 원숭이는 3마리야.

5−2

3

뺄셈식 $5-2=3$

읽기 5 빼기 2는 3과 같습니다.
5와 2의 차는 3입니다.

개념 확인

1 그림을 보고 뺄셈식을 쓰고, 읽어 보세요.

6−3

뺄셈식 $6-3=\boxed{}$

읽기 6 빼기 3은 $\boxed{}$과 같습니다.

6과 3의 차는 $\boxed{}$입니다.

2 바나나가 몇 개가 남았는지 뺄셈식을 완성해 보세요.

 → $7-3=\boxed{}$

수가 줄어든 뺄셈 상황이야.

3 얼마나 더 많은지 구하는 뺄셈식을 찾아 ◯표 하세요.

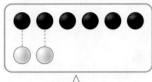

6−2=4   6−4=2

(   )   (   )

어느 것이 얼마나 더 많은지
비교하는 뺄셈 상황이야.

4 그림에 알맞은 뺄셈식을 찾아 이어 보세요.

(1)    (2) 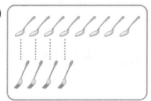   (3)

5−2=3   8−4=4   4−1=3

5 ▢ 안에 알맞은 수나 말을 써넣으세요.

뺄셈식 9−2=7   읽기 9 ▢ 2는 ▢과 같습니다.

9와 2의 ▢는 ▢입니다.

STEP 1 교과서 개념 잡기

7 뺄셈하기

먹고 남은 사과 수 구하기

방법1 가르기로 구하기

```
          7  ─ 처음 사과 수
         ╱ ╲
먹은 사과 수 ─ 2   5  ─ 남은 사과 수
```

방법2 수판으로 구하기

남은 사과 수 ➜ $7-2=5$

남은 사과는 먹은 사과보다 몇 개 더 많은지 구하기

방법1 짝을 지어 구하기

짝을 짓지 못한 사과는 3개입니다.

방법2 뺄셈식으로 나타내기

남은 사과는 먹은 사과보다 3개 더 많습니다.

$$5-2=3$$

개념 확인 1 남은 풍선은 몇 개인지 여러 가지 방법으로 알아보세요.

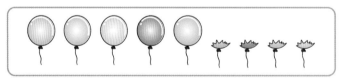

방법1 가르기로 구하기

```
    9
   ╱ ╲
  4   □
```

방법2 수판으로 구하기

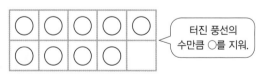

터진 풍선의 수만큼 ○를 지워.

남은 풍선 수 ➜ $9-4=\boxed{}$

2 가르기를 이용하여 뺄셈을 해 보세요.

(1)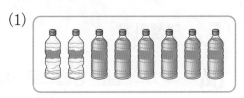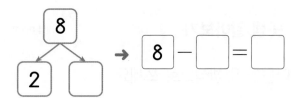

8 − □ = □

(2)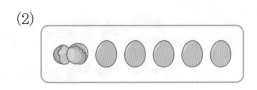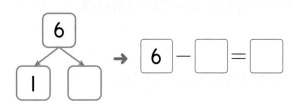

6 − □ = □

3 하나씩 짝 지어 보고, 남은 수를 뺄셈식으로 나타내세요.

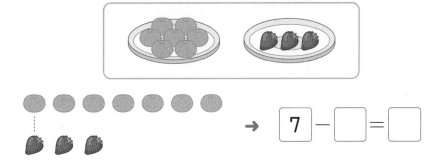

→ 7 − □ = □

4 알맞은 것끼리 이어 보세요.

(1)

(2)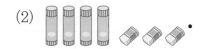

4 덧셈 알아보기
개념 064쪽

01 다음을 덧셈식으로 쓰세요.

(1) 5 더하기 2는 7과 같습니다.

➡ _____

(2) 2와 3의 합은 5입니다.

➡ _____

02 그림을 보고 덧셈식으로 바르게 나타낸 것의 기호를 쓰세요.

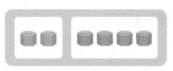

ㄱ 3+3=6
ㄴ 2+4=6
ㄷ 3+4=7

(   )

03 체리는 모두 몇 개인지 덧셈식을 쓰고, 읽어 보세요.

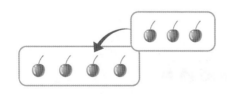

덧셈식 _____

읽기 _____

5 덧셈하기
개념 066쪽

04 〈보기〉와 같은 방법으로 덧셈을 해 보세요.

〈보기〉

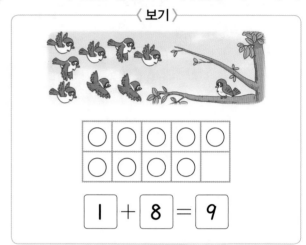

I + 8 = 9

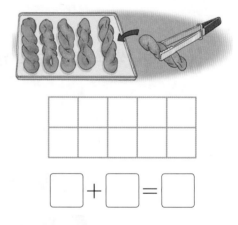

☐ + ☐ = ☐

교과역량 콕! 정보처리

05 그림을 보고 ☐ 안에 알맞은 수를 써넣으세요.

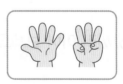   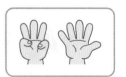

5 + ☐ = ☐   ↔   3 + ☐ = ☐

힌트 톡! 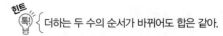 { 더하는 두 수의 순서가 바뀌어도 합은 같아.

06 모으기를 이용하여 덧셈을 해 보세요.

(1)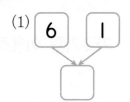

$\square + \square = \square$

(2)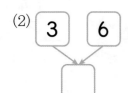

$\square + \square = \square$

07 수판에 ◯를 그려 덧셈을 해 보세요.

(1) $3+3=\square$

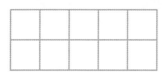

(2) $2+7=\square$

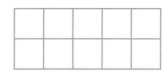

08 덧셈을 해 보세요.

(1) $6+2=\square$ 　(2) $5+4=\square$

09 바르게 계산한 친구는 누구일까요?

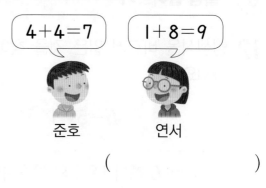

$4+4=7$ 　준호

$1+8=9$ 　연서

$($ 　　　　　　　$)$

10 합이 같은 것끼리 이어 보세요.

(1) $3+4$ ・ 　・ $7+1$

(2) $2+6$ ・ 　・ $5+2$

(3) $5+1$ ・ 　・ $3+3$

교과역량 콕! 문제해결 | 연결

11 그림을 보고 합이 같은 덧셈식을 쓰세요.

$4 + 1 = \square$

$2 + \square = \square$

$\square + \square = \square$

6 뺄셈 알아보기　　　　　　개념 068쪽

12 뺄셈식을 바르게 읽은 것을 찾아 기호를 쓰세요.

$$6-5=1$$

㉠ 6 빼기 1은 5와 같습니다.
㉡ 6과 1의 차는 5입니다.
㉢ 6과 5의 차는 1입니다.

(　　　　　　　)

정보처리

13 그림을 보고 뺄셈식으로 바르게 나타낸 것에 ◯표 하세요.

$8-4=4$ (　　　)

$8-1=7$ (　　　)

14 남은 구슬은 몇 개인지 뺄셈식을 쓰고, 읽어 보세요.

뺄셈식

읽기

7 뺄셈하기　　　　　　개념 070쪽

15 흰 닭은 몇 마리인지 가르기를 이용하여 뺄셈을 해 보세요.

4

□　□

□ － □ ＝ □

16 ◯를 /으로 지워 뺄셈을 해 보세요.

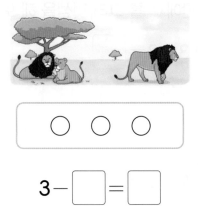

◯　◯　◯

$3 - □ = □$

17 📦과 📦을 하나씩 짝 지어 뺄셈을 해 보세요.

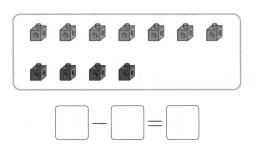

□ － □ ＝ □

18 그림을 보고 알맞은 뺄셈식을 쓰세요.

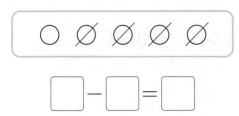

$$\boxed{} - \boxed{} = \boxed{}$$

19 가르기를 이용하여 뺄셈을 해 보세요.

(1)

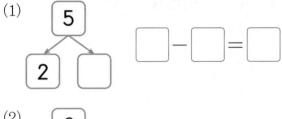

$$\boxed{} - \boxed{} = \boxed{}$$

(2)

$$\boxed{} - \boxed{} = \boxed{}$$

20 뺄셈을 해 보세요.

(1) $7 - 5 = \boxed{}$ (2) $4 - 2 = \boxed{}$

21 책상이 9개, 의자가 7개 있습니다. 책상은 의자보다 얼마나 더 많은지 뺄셈식으로 나타내세요.

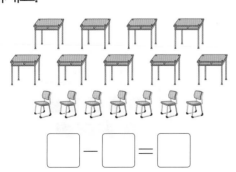

$$\boxed{} - \boxed{} = \boxed{}$$

22 그림을 보고 서로 다른 뺄셈식을 두 가지 쓰세요.

$$\boxed{} - \boxed{} = \boxed{}$$
$$\boxed{} - \boxed{} = \boxed{}$$

23 차가 같은 뺄셈식을 쓰세요.

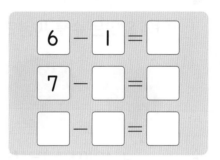

$6 - 1 = \boxed{}$

$7 - \boxed{} = \boxed{}$

$\boxed{} - \boxed{} = \boxed{}$

교과역량 콕! 추론 | 문제해결

24 어떤 수가 나오는지 각 공에 알맞은 수를 써넣으세요.

공에 적힌 수에서 4를 뺀 수가 나오는 기계야.

$9 - 4 = 5$

→ 5 ◯ ◯ ◯

⑧ 0이 있는 덧셈과 뺄셈

0+(어떤 수)=(어떤 수)

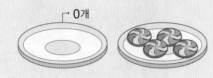

0+4=4

(어떤 수)−0=(어떤 수)

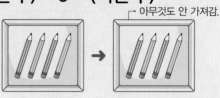
→ 아무것도 안 가져감.

4−0=4

(어떤 수)+0=(어떤 수)

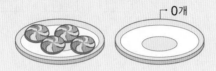

4+0=4

(어떤 수)−(어떤 수)=0

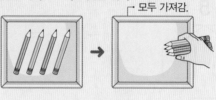
→ 모두 가져감.

4−4=0

개념 확인 1 □ 안에 알맞은 수를 써넣으세요.

(1)

□+(어떤 수)=(어떤 수)

→0+6=□

(2)

(어떤 수)−(어떤 수)=□

→6−6=□

2 덧셈을 해 보세요.

(1)

7+0=□

(2)

0+9=□

3 뺄셈을 해 보세요.

(1)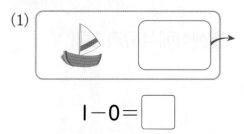

$1-0=\boxed{}$

(2)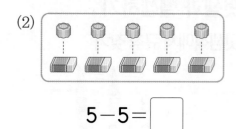

$5-5=\boxed{}$

4 사과는 모두 몇 개인지 ☐ 안에 알맞은 수를 써넣으세요.

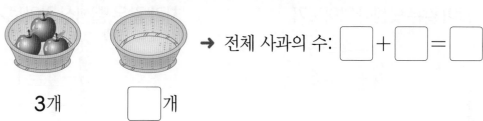

→ 전체 사과의 수: $\boxed{}+\boxed{}=\boxed{}$

3개   ☐개

5 덧셈을 해 보세요.

(1) $8+0=\boxed{}$

(2) $0+6=\boxed{}$

6 뺄셈을 해 보세요.

(1) $2-0=\boxed{}$

(2) $7-7=\boxed{}$

7 계산한 값이 0인 것에 ◯표 하세요.

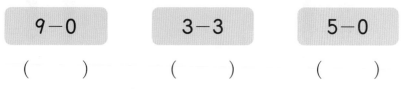

| $9-0$ | $3-3$ | $5-0$ |

(   )   (   )   (   )

⑨ 덧셈과 뺄셈하기

덧셈식에서 규칙 찾기

$3+1=4$
$3+2=5$
$3+3=6$

더하는 수가 1씩 커지면 합도 1씩 커집니다.

뺄셈식에서 규칙 찾기

$6-1=5$
$6-2=4$
$6-3=3$

빼는 수가 1씩 커지면 차는 1씩 작아집니다.

합이 같은 덧셈식 알아보기

1씩 커짐. ┐   ┌ 1씩 작아짐.
$3+3=6$
$4+2=6$
$5+1=6$

합이 모두 6으로 같습니다.

차가 같은 뺄셈식 알아보기

1씩 커짐. ┐   ┌ 1씩 커짐.
$4-3=1$
$5-4=1$
$6-5=1$

차가 모두 1로 같습니다.

개념 확인 1 ☐ 안에 알맞은 수를 써넣으세요.

(1)
$4+3=\boxed{7}$
$4+4=\boxed{}$
$4+5=\boxed{}$

더하는 수가 ☐씩 커지면
합도 ☐씩 커집니다.

(2)
$2-0=\boxed{2}$
$2-1=\boxed{}$
$2-2=\boxed{}$

빼는 수가 ☐씩 커지면
차는 ☐씩 작아집니다.

(3)
$3+6=\boxed{9}$
$2+7=\boxed{}$
$1+8=\boxed{}$

(4)
$5-3=\boxed{2}$
$6-4=\boxed{}$
$7-5=\boxed{}$

2 그림을 보고 ☐ 안에 알맞은 수를 써넣으세요.

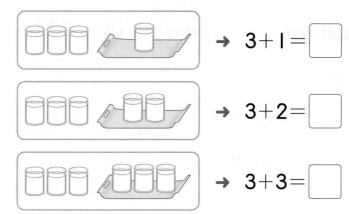

→ $3+1=$ ☐

→ $3+2=$ ☐

→ $3+3=$ ☐

3 그림을 보고 ☐ 안에 알맞은 수를 써넣으세요.

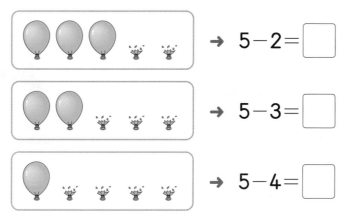

→ $5-2=$ ☐

→ $5-3=$ ☐

→ $5-4=$ ☐

4 ☐ 안에 알맞은 수를 써넣으세요.

(1)

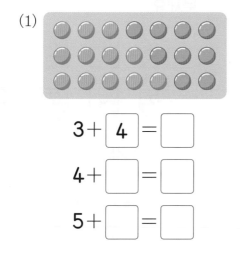

$3+\boxed{4}=$ ☐

$4+$ ☐ $=$ ☐

$5+$ ☐ $=$ ☐

(2)

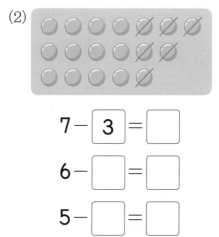

$7-\boxed{3}=$ ☐

$6-$ ☐ $=$ ☐

$5-$ ☐ $=$ ☐

8 **0이 있는 덧셈과 뺄셈** 개념 076쪽

01 덧셈을 해 보세요.

(1) $6+0=\boxed{}$ (2) $0+7=\boxed{}$

$4+0=\boxed{}$ $0+3=\boxed{}$

$9+0=\boxed{}$ $0+1=\boxed{}$

02 뺄셈을 해 보세요.

(1) $4-0=\boxed{}$ (2) $6-6=\boxed{}$

$2-0=\boxed{}$ $5-5=\boxed{}$

$8-0=\boxed{}$ $1-1=\boxed{}$

03 그림에 알맞은 식을 이어 보세요.

(1)    (2)

·   ·

·   ·

$5+0=5$ $4-4=0$

04 ○ 안에 $+$, $-$를 알맞게 써넣으세요.

(1) $7\bigcirc 7=0$

(2) $0\bigcirc 9=9$

05 빵 3개가 있었는데 3개를 모두 먹었습니다. 남은 빵은 몇 개인지 식을 쓰고, 답을 구하세요.

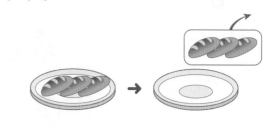

(식) _____

(답) _____

교과역량 **콕!** 문제해결

06 수 카드를 골라 덧셈식과 뺄셈식을 완성해 보세요.

| 0 | 1 | 2 | 3 | 4 |
| 5 | 6 | 7 | 8 | 9 |

덧셈식 $\boxed{}+0=7$

뺄셈식 $3-\boxed{}=3$

9 덧셈과 뺄셈하기

개념 078쪽

07 차가 2인 식을 모두 찾아 색칠해 보세요.

4－2	9－8
8－5	5－3

08 계산 결과가 <u>다른</u> 하나를 찾아 기호를 쓰세요.

　㉠ 3＋1　　㉡ 2＋2
　㉢ 9－5　　㉣ 7－5

（　　　　　　　　）

교과역량 콕! 문제해결

09 합이 같은 덧셈식을 완성해 보세요.

6＋1　　　5＋2　　　4＋□

교과역량 콕! 문제해결

10 합이 7인 덧셈식을 4개 만들어 보세요.

1 ＋ □ ＝7　　　2 ＋ □ ＝7

□ ＋ □ ＝7　　　□ ＋ □ ＝7

11 뺄셈을 하고, 차가 같은 뺄셈식을 완성해 보세요.

5 － 2 ＝ □　　　6－□＝□

7－□＝□　　　8－□＝□

12 합이 8인 식은 모두 몇 개인가요?

1＋8	6＋2	4＋5
5＋2	7＋1	2＋6

（　　　　　　　　）

13 덧셈과 뺄셈을 하여 알맞은 색으로 칠해 보세요.

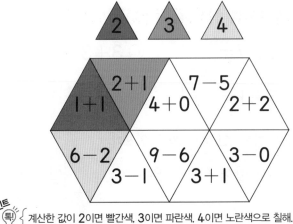

힌트 톡! 계산한 값이 2이면 빨간색, 3이면 파란색, 4이면 노란색으로 칠해.

STEP 3 서술형 **문제 잡기**

1

냉장고에 **딸기우유가 4개, 초코우유가 1개** 있습니다. 우유는 모두 몇 개인지 풀이 과정을 쓰고, 답을 구하세요.

(1단계) 알맞은 덧셈식 쓰기

(딸기우유)+(초코우유)

=☐+☐=☐(개)

(2단계) 우유는 모두 몇 개인지 쓰기

따라서 우유는 모두 ☐개입니다.

답 ________

2

얼룩 고양이가 2마리, 검은 고양이가 7마리 있습니다. 고양이는 모두 몇 마리인지 풀이 과정을 쓰고, 답을 구하세요.

(1단계) 알맞은 덧셈식 쓰기

____

____

(2단계) 고양이는 모두 몇 마리인지 쓰기

____

답 ________

3

합이 6인 것을 모두 찾아 기호를 쓰려고 합니다. 풀이 과정을 쓰고, 답을 구하세요.

㉠ 0+7	㉡ 3+3
㉢ 5+1	㉣ 4+3

(1단계) ㉠, ㉡, ㉢, ㉣ 계산하기

㉠ 0+7=☐ ㉡ 3+3=☐

㉢ 5+1=☐ ㉣ 4+3=☐

(2단계) 합이 6인 것을 찾아 기호 쓰기

따라서 합이 6인 것은 ☐, ☐입니다.

답 ________

4

차가 2인 것을 모두 찾아 기호를 쓰려고 합니다. 풀이 과정을 쓰고, 답을 구하세요.

㉠ 9−7	㉡ 5−4
㉢ 4−1	㉣ 2−0

(1단계) ㉠, ㉡, ㉢, ㉣ 계산하기

____

____

(2단계) 차가 2인 것을 찾아 기호 쓰기

____

답 ________

5

그림을 보고 〈보기〉에서 알맞은 말을 골라 **덧셈** 이야기를 만들어 보세요.

〈보기〉
모으면, 가르면, 모두

（이야기） 상자의 수와 알맞은 말을 골라 이야기 만들기

빨간색 상자 **5**개와 초록색 상자 ☐개를

☐ 상자는 모두 ☐개입니다.

6

그림을 보고 〈보기〉에서 알맞은 말을 골라 **뺄셈** 이야기를 만들어 보세요.

〈보기〉
더 많다, 더 적다, 남는다

（이야기） 개구리의 수와 알맞은 말을 골라 이야기 만들기

_____

_____

3 단원

7

귤이 **8**개 있습니다. 준호는 몇 개를 먹고 몇 개를 남길지 뺄셈식으로 나타내세요.

（1단계） 먹는 개수와 남는 개수 정하기

 준호 （나는 3개를 먹고 5개를 남길래.）

• 먹는 개수: ☐개

• 남는 개수: ☐개

（2단계） 뺄셈식으로 나타내기

뺄셈식 ☐ － ☐ ＝ ☐

8
창의형

떡이 **6**개 있습니다. 몇 개를 먹고 몇 개를 남길지 뺄셈식으로 나타내세요.

（1단계） 먹는 개수와 남는 개수 정하기

 （몇 개를 먹을지 먼저 정해 봐.）

• 먹는 개수: ☐개

• 남는 개수: ☐개

（2단계） 뺄셈식으로 나타내기

뺄셈식 ☐ － ☐ ＝ ☐

[01~02] 모으기와 가르기를 해 보세요.

01
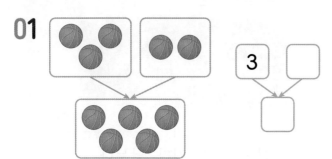

02
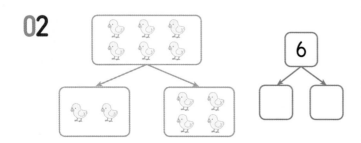

03 모으기와 가르기를 해 보세요.

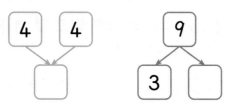

04 그림을 보고 덧셈식으로 나타내세요.

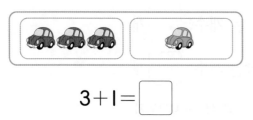

$3+1=\boxed{}$

05 그림을 보고 뺄셈식으로 나타내세요.

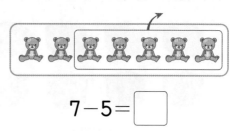

$7-5=\boxed{}$

06 다음을 덧셈식으로 쓰세요.

5와 4의 합은 9입니다.

→ _____

07 모으기를 이용하여 덧셈을 해 보세요.

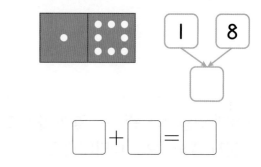

$\boxed{}+\boxed{}=\boxed{}$

08 그림을 보고 수판에 ○를 그려 덧셈을 해 보세요.

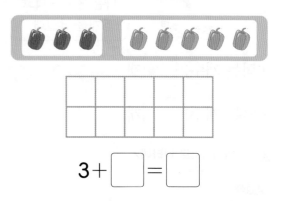

$3+\boxed{}=\boxed{}$

09 ○를 /으로 지워 뺄셈을 해 보세요.

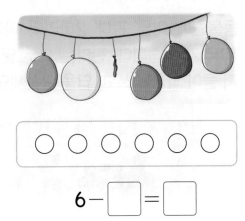

○ ○ ○ ○ ○ ○

$6-\boxed{}=\boxed{}$

10 그림을 보고 만든 이야기입니다. ☐ 안에 알맞은 수를 써넣으세요.

다람쥐 **3**마리와 ☐마리를 모으면 모두

☐마리입니다.

11 가르기를 이용하여 뺄셈을 해 보세요.

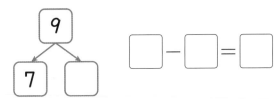

$\boxed{}-\boxed{}=\boxed{}$

12 계산한 값이 같은 것끼리 이어 보세요.

(1) $0+8$ ·   · $3+3$

(2) $9-9$ ·   · $8-0$

(3) $6+0$ ·   · $2-2$

13 뺄셈을 해 보세요.

$8-2=\boxed{}$

$8-3=\boxed{}$

$8-4=\boxed{}$

14 덧셈을 하고 ☐ 안에 알맞은 수를 써넣으세요.

$5+2=\boxed{}$

$5+3=\boxed{}$

$5+4=\boxed{}$

더하는 수가 ☐씩 커지면 합도 ☐씩

커집니다.

15 차가 같은 뺄셈식을 완성해 보세요.

$7-1$ $9-\square$

16 합이 **7**인 것은 빨간색, 합이 **9**인 것은 파란색으로 색칠해 보세요.

$1+6$ $5+4$ $8+1$ $2+5$

17 초콜릿이 **6**개, 사탕이 **8**개 있습니다. 사탕은 초콜릿보다 몇 개 더 많은지 식을 쓰고, 답을 구하세요.

식 _____

답 _____

18 ◯ 안에 ＋, －를 알맞게 써넣으세요.

$4 \bigcirc 2 = 6$

19 동물원에 어른 판다 **2**마리와 아기 판다 **1**마리가 있습니다. 판다는 모두 몇 마리인지 풀이 과정을 쓰고, 답을 구하세요.

풀이 _____

_____

답 _____

20 차가 **3**인 것을 모두 찾아 기호를 쓰려고 합니다. 풀이 과정을 쓰고, 답을 구하세요.

㉠ $5-2$ ㉡ $7-6$
㉢ $8-5$ ㉣ $9-4$

풀이 _____

_____

_____

답 _____

창의력 쑥쑥

색깔을 잃어버린 악어에게 색깔을 찾아주세요!
같은 숫자가 적힌 곳에 정해진 색깔로 색칠해 보세요.

정답은 개념책 144쪽에서 확인하세요.

4

비교하기

학습을 끝낸 후
색칠하세요.

**교과서
개념 잡기**

**수학익힘
문제 잡기**

❶ 길이 비교하기
❷ 무게 비교하기

◈ 이전에 배운 내용

[누리과정]
생활 속 길이, 크기, 무게, 들이 비교

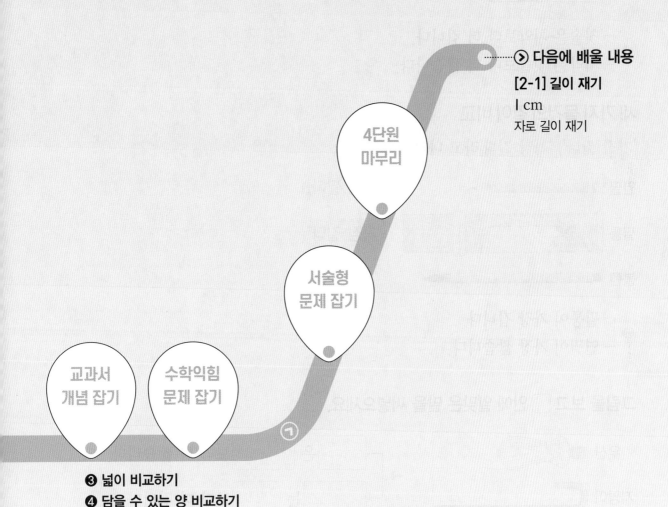

교과서
개념 잡기

수학익힘
문제 잡기

서술형
문제 잡기

4단원
마무리

⊙ 다음에 배울 내용
[2-1] 길이 재기
Ⅰ cm
자로 길이 재기

❸ 넓이 비교하기
❹ 담을 수 있는 양 비교하기

교과서 개념 잡기

개념 강의

① 길이 비교하기

두 가지 물건의 길이 비교

'더 길다', '더 짧다'라고 나타냅니다.

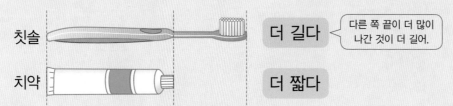

칫솔   더 길다   다른 쪽 끝이 더 많이 나간 것이 더 길어.

치약   더 짧다

→ ┌ 칫솔은 치약보다 더 **깁니다**.
    └ 치약은 칫솔보다 더 **짧습니다**.

세 가지 물건의 길이 비교

'가장 짧다', '가장 길다'라고 나타냅니다.

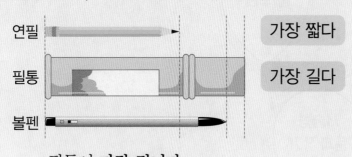

연필   가장 짧다

필통   가장 길다

볼펜

→ ┌ 필통이 가장 **깁니다**.
    └ 연필이 가장 **짧습니다**.

개념 확인

1 그림을 보고 ☐ 안에 알맞은 말을 써넣으세요.

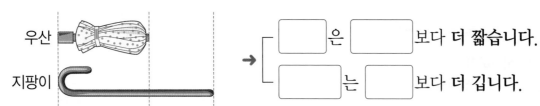

우산

지팡이

→ ┌ ☐ 은 ☐ 보다 더 **짧습니다**.
    └ ☐ 는 ☐ 보다 더 **깁니다**.

2 더 짧은 것에 △표 하세요.

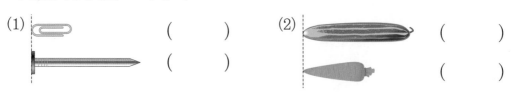

(1)   (   )
     (   )

(2)   (   )
     (   )

3 더 긴 것에 ◯표 하세요.

(1)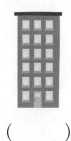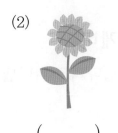

    (   )   (   )

(2)

    (   )   (   )

4 더 짧은 것은 무엇인지 쓰세요.

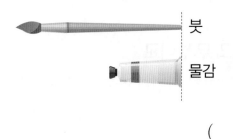

붓

물감

(   )

5 가장 긴 것에 ◯표, 가장 짧은 것에 △표 하세요.

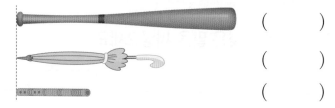

(   )

(   )

(   )

6 길이를 비교해 보세요.

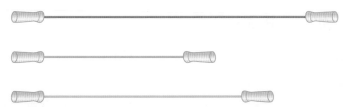

(1) 초록색 줄넘기가 가장 (짧습니다 , 깁니다).

(2) 빨간색 줄넘기가 가장 (짧습니다 , 깁니다).

② 무게 비교하기

두 가지 물건의 무게 비교

'더 무겁다', '더 가볍다'라고 나타냅니다.

수박

참외

→ ⎡ 수박은 참외보다 **더 무겁습니다.**
　 ⎣ 참외는 수박보다 **더 가볍습니다.**

더 무겁다	더 가볍다

손으로 들었을 때 힘이 더 드는게 더 무거운 거야.

세 가지 물건의 무게 비교

'가장 무겁다', '가장 가볍다'라고 나타냅니다.

책가방

공책　　지우개

→ ⎡ 책가방이 **가장 무겁습니다.**
　 ⎣ 지우개가 **가장 가볍습니다.**

가장 가볍다	가장 무겁다

개념 확인 1 그림을 보고 ☐ 안에 알맞은 말을 써넣으세요.

볼링공

탁구공

→ ⎡ ☐ 은 ☐ 보다 더 무겁습니다.
　 ⎣ ☐ 은 ☐ 보다 더 가볍습니다.

2 더 가벼운 것에 △표 하세요.

(1)

(　) 　 (　)

(2)

(　) 　 (　)

3 더 무거운 것에 ◯표 하세요.

(1)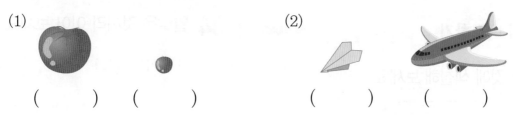

(   )   (   )

(2)

(   )   (   )

4 가장 가벼운 것에 △표 하세요.

(   )   (   )   (   )

5 가장 무거운 것에 ◯표, 가장 가벼운 것에 △표 하세요.

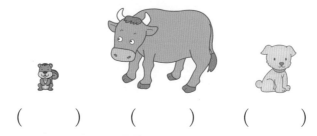

(   )   (   )   (   )

6 무게를 비교해 보세요.

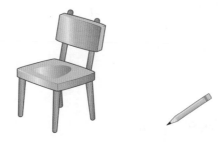

(1) 의자는 연필보다 더 (무겁습니다 , 가볍습니다).
(2) 연필은 의자보다 더 (무겁습니다 , 가볍습니다).

1 길이 비교하기 　　　　　개념 090쪽

01 더 긴 것에 색칠해 보세요.

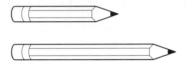

02 더 짧은 것에 △표 하세요.

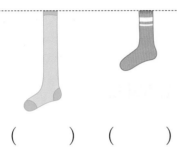

(　　) 　(　　)

03 선을 따라 그리고, 알맞은 말에 ○표 하세요.

위쪽의 선이 아래쪽의 선보다 더 (깁니다 , 짧습니다).

04 알맞은 것끼리 이어 보세요.

(1) 가장 길다 ·

(2) 가장 짧다 ·

05 칫솔보다 더 긴 것에 ○표 하세요.

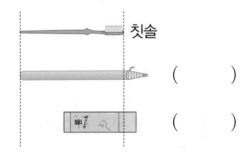

칫솔

(　　)

(　　)

교과역량 쏙! 정보처리 | 추론

06 색 테이프의 길이를 비교하려고 합니다. ☐ 안에 알맞은 기호를 써넣으세요.

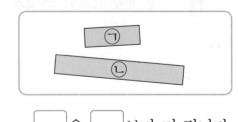

→ ☐ 은 ☐ 보다 더 깁니다.

　☐ 은 ☐ 보다 더 짧습니다.

② 무게 비교하기   개념 092쪽

07 그림을 보고 알맞은 말에 ◯표 하세요.

연필은 필통보다
더 (무겁습니다 , 가볍습니다).

08 그림을 보고 알맞은 것끼리 이어 보세요.

딸기   파인애플
·   ·

·   ·
더 무겁다   더 가볍다

교과역량 쏙! 추론

09 ◯에 들어갈 수 있는 쌓기나무가 아닌 것에 △표 하세요.

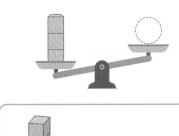

10 동물들의 무게를 비교해 보세요.

(1) 토끼와 다람쥐 중 더 무거운 동물은 무엇일까요?

(   )

(2) 토끼와 코끼리 중 더 무거운 동물은 무엇일까요?

(   )

(3) 가장 무거운 동물은 무엇일까요?

(   )

교과역량 쏙! 정보처리 | 추론

11 〈보기〉에 있는 단어 중 하나를 골라 이야기를 완성해 보세요.

〈보기〉
필통   책상

[   ]이 너무 무거워서

친구들과 함께 옮겼어.

교과서 개념 잡기

개념 강의

③ 넓이 비교하기

두 가지 물건의 넓이 비교

'더 넓다', '더 좁다'라고 나타냅니다.

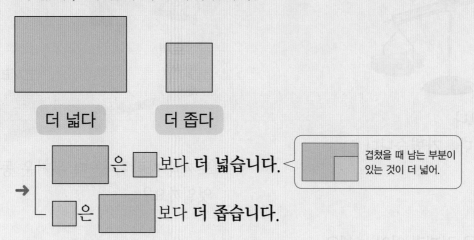

더 넓다　　　　더 좁다

→ ┌ 　　은　　보다 더 **넓습니다.**
　 └ 　　은　　보다 더 **좁습니다.**

겹쳤을 때 남는 부분이 있는 것이 더 넓어.

세 가지 물건의 넓이 비교

'가장 넓다', '가장 좁다'라고 나타냅니다.

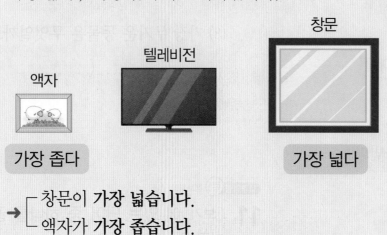

창문

텔레비전

액자

가장 좁다　　　　　　가장 넓다

→ ┌ 창문이 **가장 넓습니다.**
　 └ 액자가 **가장 좁습니다.**

개념 확인

1 그림을 보고 ☐ 안에 알맞은 말을 써넣으세요.

봉투

우표

→ ┌ ☐ 는 ☐ 보다 더 **넓습니다.**
　 └ ☐ 는 ☐ 보다 더 **좁습니다.**

2 더 넓은 것에 ◯표 하세요.

(1)   (2)

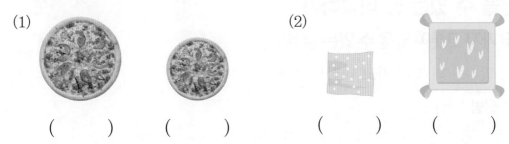

(   )   (   )   (   )   (   )

3 가장 좁은 것에 △표 하세요.

(   )   (   )   (   )

4 가장 넓은 것에 ◯표, 가장 좁은 것에 △표 하세요.

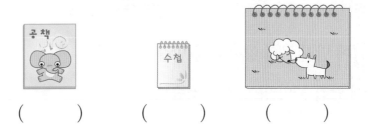

(   )   (   )   (   )

5 넓이를 비교해 보세요.

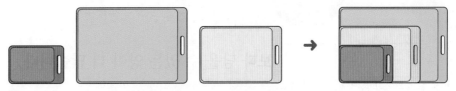

(1) 주황색 도마가 가장 (좁습니다 , 넓습니다).

(2) 연두색 도마가 가장 (좁습니다 , 넓습니다).

④ 담을 수 있는 양 비교하기

두 가지 그릇에 담을 수 있는 양 비교

'더 많다', '더 적다'라고 나타냅니다.

물병

컵

그릇의 크기가 더 작은 쪽이
담을 수 있는 양이 더 적어.

더 많다   더 적다

→ ⎡ 물병은 컵보다 담을 수 있는 양이 **더 많습니다.**
  ⎣ 컵은 물병보다 담을 수 있는 양이 **더 적습니다.**

세 가지 그릇에 담긴 물의 양 비교

'가장 많다', '가장 적다'라고 나타냅니다.

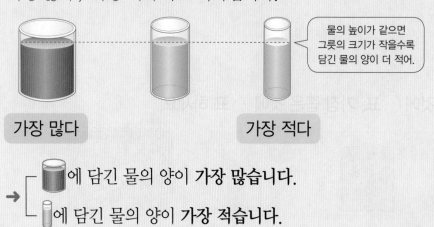

물의 높이가 같으면
그릇의 크기가 작을수록
담긴 물의 양이 더 적어.

가장 많다   가장 적다

→ ⎡ ▮에 담긴 물의 양이 **가장 많습니다.**
  ⎣ ▯에 담긴 물의 양이 **가장 적습니다.**

개념 확인 1 그림을 보고 ☐ 안에 알맞은 말을 써넣으세요.

바가지

밥그릇

→ ⎡ ☐ 는 ☐ 보다 담을 수 있는 양이 **더 많습니다.**
  ⎣ ☐ 은 ☐ 보다 담을 수 있는 양이 **더 적습니다.**

2 담을 수 있는 양이 더 많은 것에 ◯표 하세요.

(1)　　　　　　　　　　　　　　　(2)

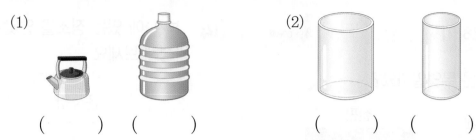

(　　　) (　　　)　　　　　　(　　　) (　　　)

3 담을 수 있는 양이 가장 적은 것에 △표 하세요.

(　　　) 　　　 (　　　) 　　　 (　　　)

4 담을 수 있는 양이 가장 많은 것에 ◯표, 가장 적은 것에 △표 하세요.

(　　　) 　　　 (　　　) 　　　 (　　　)

5 병에 담긴 주스의 양을 비교해 보세요.

가　　　　　나　　　　　다

(1) 담긴 주스의 양이 가장 많은 병은 (가 , 나 , 다)입니다.

(2) 담긴 주스의 양이 가장 적은 병은 (가 , 나 , 다)입니다.

(3) 병의 모양과 크기가 같으므로 담긴 주스의 높이가 높을수록 주스의 양이
　　(많습니다 , 적습니다).

③ 넓이 비교하기 개념 096쪽

01 더 넓은 것은 무엇일까요?

동화책
칠판

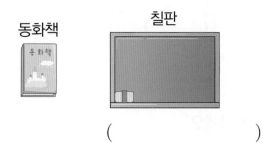

(   )

02 알맞은 것끼리 이어 보세요.

(1)    •   • 더 좁다

(2)   •   • 더 넓다

03 그림을 보고 알맞은 말에 ◯표 하세요.

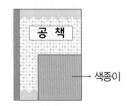
공책
← 색종이

공책은 색종이보다
더 (넓습니다 , 좁습니다).

04 〈보기〉에 있는 장소를 알맞게 넣어 문장을 완성해 보세요.

〈보기〉
운동장   교실

[   ]은 [   ]보다 더 좁습니다.

05 가장 넓은 부분에 빨간색, 가장 좁은 부분에 파란색으로 색칠해 보세요.

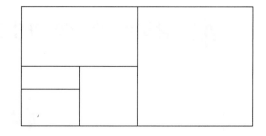

06 친구들이 모두 앉을 수 있는 돗자리를 그려 보세요.

기본 강화책 42쪽 수학익힘 유사 문제 정답 22쪽

07 가장 좁은 것부터 순서대로 1, 2, 3을 쓰세요.

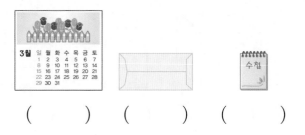

(   )   (   )   (   )

08 주어진 모양보다 더 좁은 ○ 모양을 왼쪽에, 더 넓은 ○ 모양을 오른쪽에 그려 보세요.

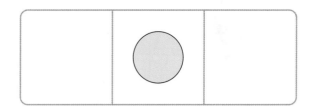

09 거울보다 더 좁은 것에 △표 하세요.

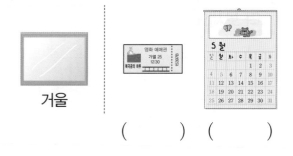

거울

(   )   (   )

10 준호가 먹은 호두파이 조각은 어떤 것인지 기호를 쓰세요.

난 가장 넓은 조각을 먹었어.

준호

(   )

교과역량 콕! 추론

11 편지지를 접지 않고 봉투에 넣으려고 합니다. 알맞은 봉투의 기호를 쓰세요.

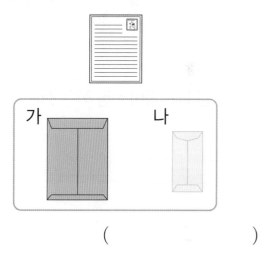

가   나

(   )

교과역량 콕! 연결

12 수를 순서대로 이어 보고, 그려진 모양이 더 좁은 쪽에 △표 하세요.

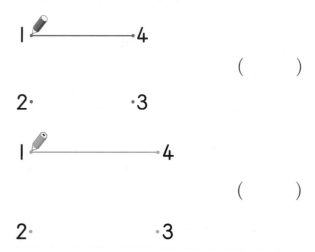

1   4

(   )

2•   •3

1   4

(   )

2•   •3

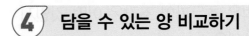
4 **담을 수 있는 양 비교하기**   개념 098쪽

13 담을 수 있는 양이 더 적은 것은 무엇일까요?

페트병

종이컵

(   )

14 담긴 물의 양이 가장 적은 것에 △표 하세요.

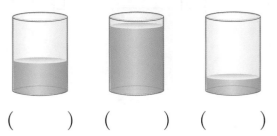

(   )   (   )   (   )

15 알맞은 것끼리 이어 보세요.

(1) 가장 적다   (2) 가장 많다

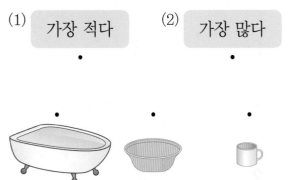

16 담을 수 있는 양이 가장 많은 것부터 순서대로 1, 2, 3을 쓰세요.

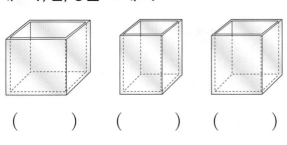

(   )   (   )   (   )

17 음료수 캔보다 담을 수 있는 양이 더 적은 것에 △표 하세요.

음료수 캔

(   )   (   )

18 주어진 물의 양보다 더 많은 양의 물을 그려 보세요.

19 담긴 물의 양이 가장 많은 것에 ◯표, 가장 적은 것에 △표 하세요.

(1)

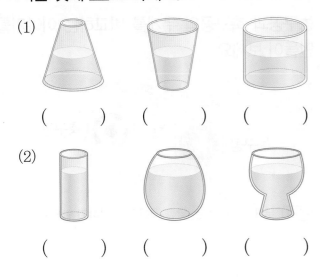

( )　　( )　　( )

(2)

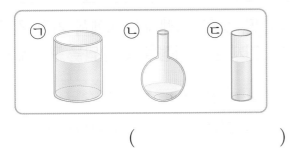

( )　　( )　　( )

20 물이 가장 많이 담긴 것을 찾아 기호를 쓰세요.

( )

21 친구들이 음료수를 가득 담아 마시고 남은 것입니다. 가장 많이 마신 것에 ◯표 하세요.

( )　　( )　　( )

22 그림을 보고 ☐ 안에 알맞은 번호를 써넣으세요.

①　　　②　　　③

· ☐ 은/는 ③보다 담을 수 있는 양이 더 많습니다.

· ☐ 은/는 ③보다 담을 수 있는 양이 더 적습니다.

23 설명을 보고 친구들이 원하는 컵의 기호를 쓰세요.

> 윤호: 목이 마르니까 가장 많이 담긴 음료수를 마실래.
> 은지: 난 가장 적게 담긴 음료수를 마실래.
> 수영: 난 둘째로 많이 담긴 음료수를 마실래.

가　　　나　　　다

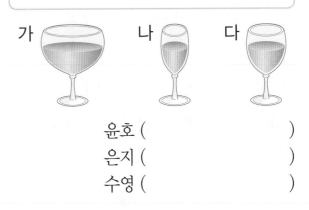

윤호 ( )
은지 ( )
수영 ( )

STEP 3 서술형 문제 잡기

1

강아지와 양의 무게를 비교하는 이야기를 만들어 보세요.

강아지

양

(이야기) 무게를 비교하는 말을 사용하여 이야기 만들기

강아지는 양보다 더 [ ].

2

농구공과 축구공의 무게를 비교하는 이야기를 만들어 보세요.

농구공

축구공

(이야기) 무게를 비교하는 말을 사용하여 이야기 만들기

_____

_____

3

볼펜, 시계, 물감 중에서 **가장 짧은 것**은 무엇인지 풀이 과정을 쓰고, 답을 구하세요.

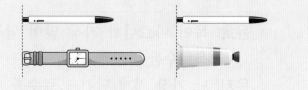

(1단계) 두 가지씩 길이 비교하기

볼펜과 시계 중에서 더 짧은 것은 [ ]이고, 볼펜과 물감 중에서 더 짧은 것은 [ ]입니다.

(2단계) 가장 짧은 것은 무엇인지 구하기

따라서 가장 짧은 것은 [ ]입니다.

(답) _____

4

색연필, 옷핀, 크레파스 중에서 **가장 긴 것**은 무엇인지 풀이 과정을 쓰고, 답을 구하세요.

(1단계) 두 가지씩 길이 비교하기

_____

_____

_____

(2단계) 가장 긴 것은 무엇인지 구하기

_____

_____

(답) _____

5

한 칸의 크기가 같을 때 **더 좁은 것**을 찾아 기호를 쓰려고 합니다. 풀이 과정을 쓰고, 답을 구하세요.

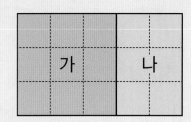

[1단계] 칸의 수 구하기

칸을 각각 세어 보면 가는 ☐칸, 나는 ☐칸 입니다.

[2단계] 더 좁은 것 구하기

☐와 ☐ 중 더 작은 수는 ☐이므로

더 좁은 것은 ☐입니다.

답 _____

6

한 칸의 크기가 같을 때 **더 넓은 것**을 찾아 기호를 쓰려고 합니다. 풀이 과정을 쓰고, 답을 구하세요.

[1단계] 칸의 수 구하기

_____

_____

[2단계] 더 넓은 것 구하기

_____

_____

답 _____

7

두 그림에서 다른 부분을 찾아 담을 수 있는 양을 비교하는 이야기를 만들어 보세요.

└ 물병   └ 주스병

[이야기] 비교하는 말을 알맞게 사용하여 이야기 만들기

주스병이 ☐보다 담을 수 있는 양이

더 ☐.

8

창의형

두 그림에서 다른 부분을 찾아 담을 수 있는 양을 비교하는 이야기를 만들어 보세요.

└ 냄비   └ 밥그릇

[이야기] 비교하는 말을 알맞게 사용하여 이야기 만들기

_____

_____

01 더 긴 것에 ◯표 하세요.

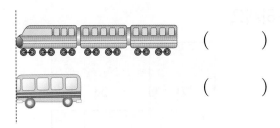

(   )

(   )

02 그림을 보고 알맞은 말에 ◯표 하세요.

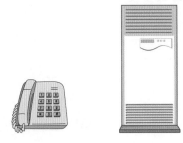

전화기는 에어컨보다
더 (무겁습니다 , 가볍습니다).

03 당근과 배추 중에서 더 무거운 것은 무엇일까요?

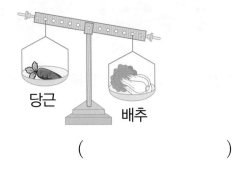

(   )

04 담을 수 있는 양이 더 많은 것에 ◯표 하세요.

(   )   (   )

05 담긴 주스의 양이 더 적은 것에 △표 하세요.

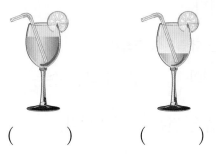

(   )   (   )

[06~07] 알맞은 말에 ◯표 하세요.

지수   민우

06 지수의 바지는 민우의 바지보다
더 (깁니다 , 짧습니다).

07 민우의 풍선 줄은 지수의 풍선 줄보다
더 (깁니다 , 짧습니다).

08 알맞은 것끼리 이어 보세요.

(1) 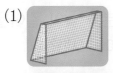 · · 더 좁다

(2)  · · 더 넓다

09 가장 무거운 것에 ◯표 하세요.

( ) ( ) ( )

10 가장 넓은 것에 ◯표, 가장 좁은 것에 △표 하세요.

( ) ( ) ( )

11 두유를 가장 많이 담을 수 있는 것부터 순서대로 1, 2, 3을 쓰세요.

( ) ( ) ( )

12 담을 수 있는 양이 가장 많은 것에 ◯표, 가장 적은 것에 △표 하세요.

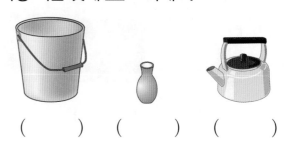

( ) ( ) ( )

13 붓보다 더 짧은 것에 모두 ◯표 하세요.

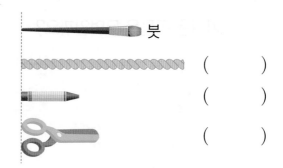

( )
( )
( )

14 ▪보다 넓고 ▪보다 좁은 ☐ 모양을 가운데에 그려 보세요.

15 가장 무거운 것부터 순서대로 1, 2, 3을 쓰세요.

( ) ( ) ( )

16 왼쪽 엽서를 접지 않고 넣기에 알맞은 봉투에 ◯표 하세요.

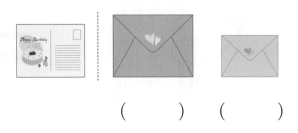

(   )   (   )

17 가장 가벼운 동물은 무엇일까요?

(   )

18 같은 수도꼭지로 그릇에 물을 가득 받을 때 물을 더 빨리 받을 수 있는 쪽에 ◯표 하세요.

(   )   (   )

서술형

19 두 그림에서 다른 부분을 찾아 길이를 비교하는 이야기를 만들어 보세요.

이야기

_____

20 머리핀, 연필, 클립 중에서 가장 짧은 것은 무엇인지 풀이 과정을 쓰고, 답을 구하세요.

풀이

_____

_____

_____

답 _____

동물 친구들이 캠핑을 가서 사진을 찍었어요.
두 장이 같은 사진인 줄 알았는데 다른 부분이 있었네요!
다른 곳은 모두 5군데예요! 모두 찾아 표시해 보세요.

정답은 개념책 144쪽에서 확인하세요.

5

50까지의 수

학습을 끝낸 후
색칠하세요.

교과서
개념 잡기

수학익힘
문제 잡기

❶ 10 알아보기
❷ 십몇 알아보기
❸ 모으기와 가르기

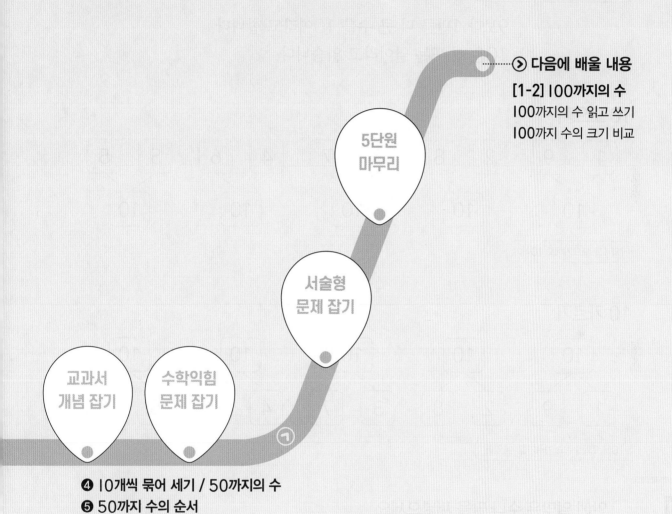

5단원
마무리

서술형
문제 잡기

교과서
개념 잡기

수학익힘
문제 잡기

❹ 10개씩 묶어 세기 / 50까지의 수
❺ 50까지 수의 순서
❻ 50까지 수의 크기 비교

⊙ 다음에 배울 내용
[1-2] 100까지의 수
100까지의 수 읽고 쓰기
100까지 수의 크기 비교

교과서 개념 잡기

개념 강의

① 10 알아보기

9보다 1만큼 더 큰 수

쓰기 **10**

읽기 **십, 열**

상황에 따라 10을 다르게 읽기도 해.
→ 사탕이 10개(열 개) 있어.
→ 우리 집은 10층(십 층)이야.

9보다 1만큼 더 큰 수를 10이라고 합니다.
10은 십 또는 열이라고 읽습니다.

10 모으기

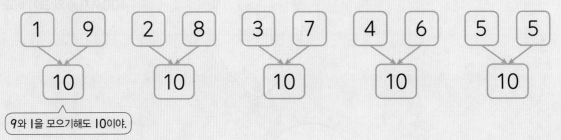

9와 1을 모으기해도 10이야.

10 가르기

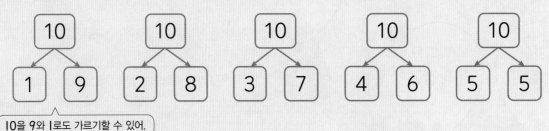

10을 9와 1로도 가르기할 수 있어.

개념 확인 1

☐ 안에 알맞은 수나 말을 써넣으세요.

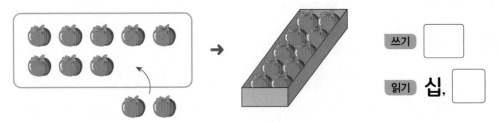

쓰기 ☐

읽기 **십,** ☐

8보다 2만큼 더 큰 수를 ☐ 이라고 합니다.

2 10이 되도록 ◯를 그려 보세요.

(1)

(2)

3 10개인 것을 모두 찾아 ◯표 하세요.

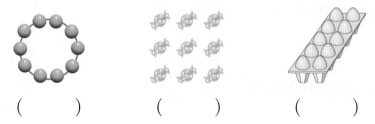

(　)　　(　)　　(　)

4 모으기를 해 보세요.

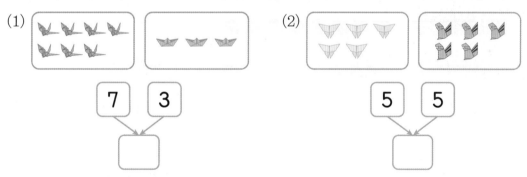

5 가르기를 해 보세요.

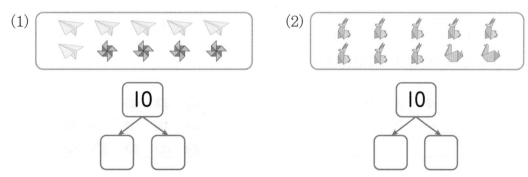

② 십몇 알아보기

13 알아보기

10개씩 묶음	낱개	→	수
1	3		13

쓰기 **13**

읽기 **십삼, 열셋**

→ 10개씩 묶음 1개와 낱개 3개를 13이라고 합니다.

11부터 19까지의 수 쓰고 읽기

쓰기	읽기		쓰기	읽기		쓰기	읽기	
11	십일	열하나	14	십사	열넷	17	십칠	열일곱
12	십이	열둘	15	십오	열다섯	18	십팔	열여덟
13	십삼	열셋	16	십육	열여섯	19	십구	열아홉

개념 확인

1 수 모형을 보고 빈 곳에 알맞은 수를 써넣으세요.

10개씩 묶음	낱개	→	수

쓰기 ☐

읽기 ☐ , 열여덟

2 그림을 보고 알맞은 수를 쓰세요.

(1) 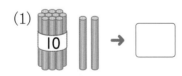 → ☐

(2)  → ☐

3 10개씩 묶고, 수로 나타내세요.

(1) 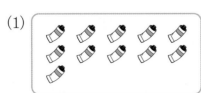 ☐

(2) ☐

4 토마토의 수만큼 ◯를 그리고, ☐ 안에 알맞은 수를 써넣으세요.

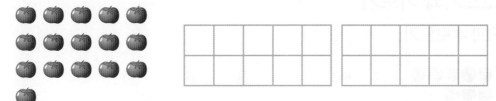

토마토는 10개씩 묶음 1개와 낱개 ☐개입니다.

➡ 토마토의 수는 ☐입니다.

5 주어진 수만큼 색칠해 보세요.

(1) 14

(2) 17

6 ☐ 안에 알맞은 수를 써넣고, 과자의 수를 비교해 보세요.

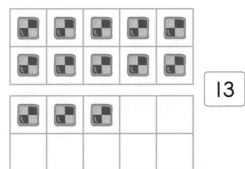 13 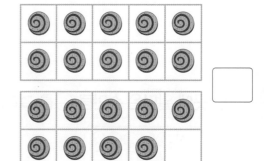 ☐

🔳은 🌀보다 (많습니다 , 적습니다).

13은 ☐보다 (큽니다 , 작습니다). 과자의 수가 많으면 더 큰 수야.

교과서 개념 잡기

개념 강의

③ 모으기와 가르기

8과 4 모으기

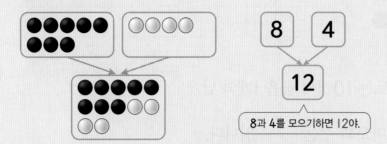

8과 4를 모으기하면 12야.

8부터 4만큼 수를 이어 세면 8하고 9, 10, 11, 12입니다.

14 가르기

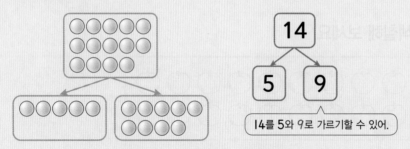

14를 5와 9로 가르기할 수 있어.

14부터 5만큼 수를 거꾸로 세면 14하고 13, 12, 11, 10, 9입니다.

개념 확인 1 빈 곳에 알맞은 수만큼 ○를 그리고, 모으기를 해 보세요.

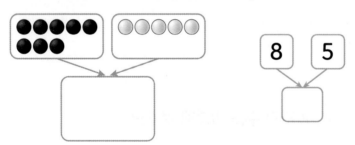

개념 확인 2 빈 곳에 알맞은 수만큼 ○를 그리고, 가르기를 해 보세요.

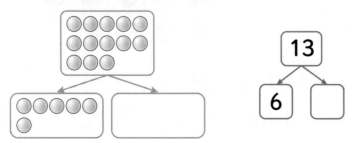

3 모으기를 해 보세요.

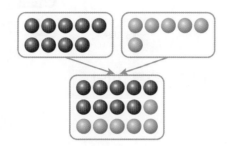

(1) **9**부터 **6**만큼 수를 이어 세어 보세요.

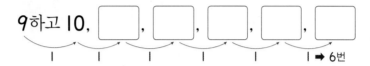

9하고 10, ☐, ☐, ☐, ☐, ☐ ➡ 6번

(2) **9**와 **6**을 모으기하여 빈칸에 알맞은 수를 써넣으세요.

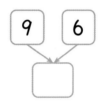

4 가르기를 해 보세요.

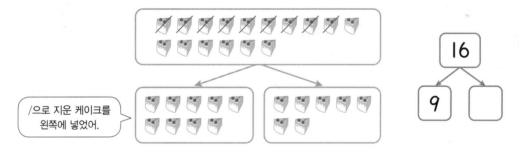

/으로 지운 케이크를 왼쪽에 넣었어.

16

9 ☐

5 모으기와 가르기를 해 보세요.

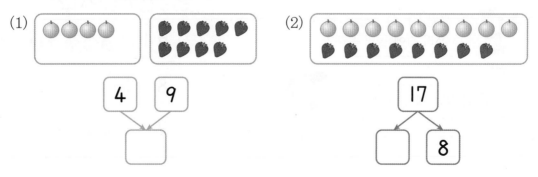

(1) 4 9 ☐

(2) 17 ☐ 8

1 **10 알아보기** 개념 112쪽

01 지우개의 수만큼 ◯를 그리고, 수를 써넣으세요.

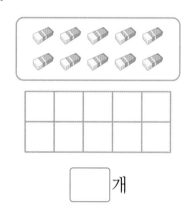

☐개

02 '하나'부터 순서대로 세어 빈 곳에 알맞게 써넣으세요.

하나 ◯ ◯ 넷
◯ 여섯 ◯ 여덟
아홉 ◯

03 대화를 보고 10을 어떻게 읽어야 하는지 ◯표 하세요.

7월 10(열 , 십)일에 우리 집에 놀러 올래?
규민

좋아! 그날 내가 딱지 10(열 , 십)장 가지고 갈게.
준호

04 그림을 보고 ☐ 안에 알맞은 수를 써넣으세요.

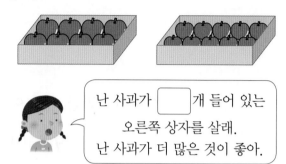

난 사과가 ☐개 들어 있는 오른쪽 상자를 살래. 난 사과가 더 많은 것이 좋아.

05 그림을 보고 ☐ 안에 알맞은 수를 써넣으세요.

병아리	☐마리	알	☐개

병아리가 알을 깨고 나오면 병아리는 모두 ☐마리입니다.

06 10이 되도록 ◯를 그리고, ☐ 안에 알맞은 수를 써넣으세요.

7	●●●●●●●	3
8	●●●●●●●●	☐
9	●●●●●●●●●	☐

07 빈 곳에 알맞게 색칠하여 그림을 완성하고, 가르기를 해 보세요.

 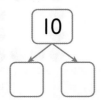

08 모으기해서 10이 되는 수끼리 이어 보세요.

(1) 8 · · 9

(2) 1 · · 5

(3) 5 · · 2

---

2 **십몇 알아보기**　　　　　개념 114쪽

09 모자는 모두 몇 개인지 알아보세요.

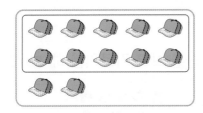

10개씩 묶음 ▢개와 낱개 ▢개는

▢입니다.

→ 모자의 수는 ▢입니다.

---

10 수를 보고 10개씩 묶음의 수와 낱개의 수를 써넣으세요.

수	10개씩 묶음	낱개
13	1	
19		9
16		

11 수를 두 가지 방법으로 읽어 보세요.

(1) 14

_____, _____

(2) 17

_____, _____

12 나타내는 수가 <u>다른</u> 것에 ×표 하세요.

(1)

십구	열다섯	19
( )	( )	( )

(2)

18	십일	열하나
( )	( )	( )

13 같은 수끼리 이어 보세요.

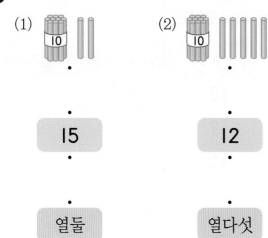

(1) 10 | | 15 · 열둘

(2) 10 | | | | | 12 · 열다섯

[14~15] 선반에 음료수가 있습니다. 물음에 답하세요.

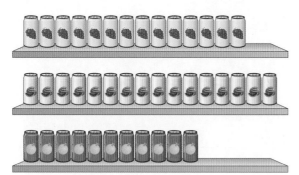

14 각 음료수의 수를 쓰세요.

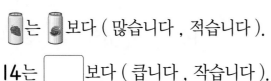

🥫 ☐ 개, 🥫 ☐ 개, 🥫 ☐ 개

15 알맞은 말에 ◯표 하고, 수의 크기를 비교해 보세요.

🥫는 🥫보다 (많습니다 , 적습니다).

14는 ☐ 보다 (큽니다 , 작습니다).

교과역량 콕! 정보처리

16 바둑돌의 수를 쓰세요.

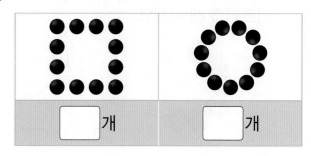

☐ 개 | ☐ 개

③ 모으기와 가르기 개념 116쪽

17 그림을 보고 모으기를 해 보세요.

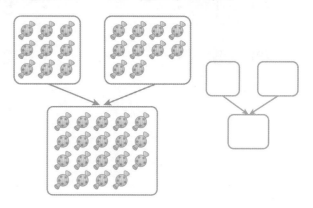

18 그림을 보고 가르기를 해 보세요.

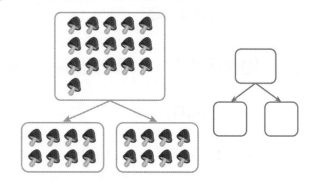

19 모으기와 가르기를 해 보세요.

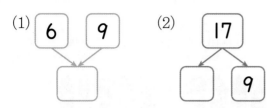

(1) 6 9

(2) 17 ↘ 9

20 모으기해서 12가 되는 것끼리 이어 보세요.

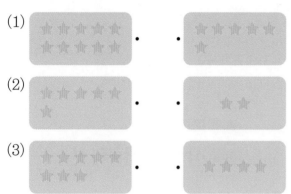

(1)

(2)

(3)

21 그림을 보고 주어진 두 과일로 모으기를 해 보세요.

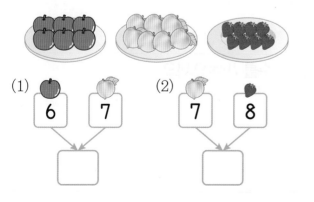

(1) 6 7

(2) 7 8

22 14칸을 두 가지 색으로 색칠하고, 가르기를 해 보세요.

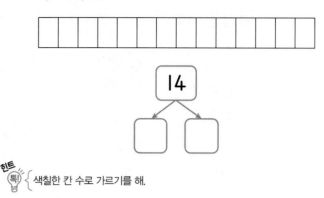

14

힌트 톡! 색칠한 칸 수로 가르기를 해.

23 두 가지 방법으로 가르기를 해 보세요.

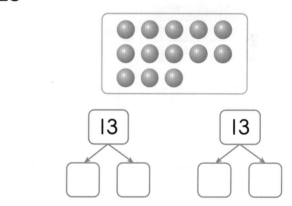

13   13

교과역량 콕! 연결

24 두 가지 방법으로 가르기를 해 보세요.

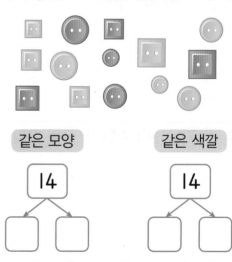

같은 모양   같은 색깔

14   14

STEP 1 교과서 개념 잡기

④ 10개씩 묶어 세기 / 50까지의 수

몇십 알아보기

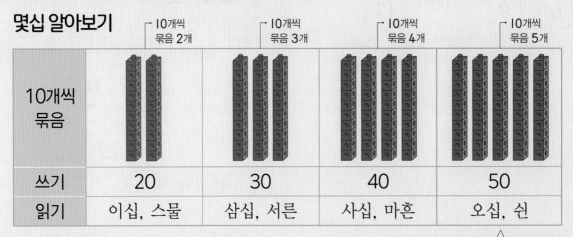

10개씩 묶음	10개씩 묶음 2개	10개씩 묶음 3개	10개씩 묶음 4개	10개씩 묶음 5개
쓰기	20	30	40	50
읽기	이십, 스물	삼십, 서른	사십, 마흔	오십, 쉰

> 10개씩 묶음 ■개는 ■0이야!

35 알아보기

10개씩 묶음	낱개	→	수
3	5		35

쓰기 35
읽기 삼십오, 서른다섯

→ 10개씩 묶음 3개와 낱개 5개를 35라고 합니다.

개념 확인

1 그림을 보고 빈 곳에 알맞은 수를 써넣으세요.

10개씩 묶음	낱개	→	수

쓰기 [ ]
읽기 [ ], 스물셋

2 지우개의 수만큼 ○를 그리고, □ 안에 알맞은 수를 써넣으세요.

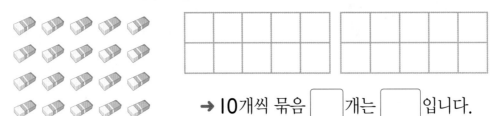

→ 10개씩 묶음 □개는 □입니다.

3 수를 세어 쓰세요.

(1)
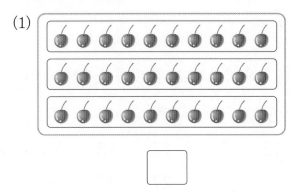

□

(2)
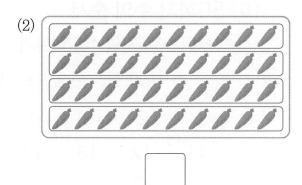

□

4 수를 세어 10개씩 묶음과 낱개의 수를 써넣으세요.

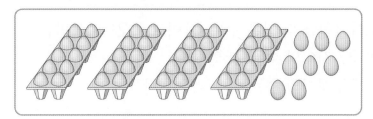

10개씩 묶음	낱개

5 알맞게 이어 보세요.

(1) 29 ·   · 마흔넷

(2) 44 ·   · 이십구

6 모형의 수를 비교해 보세요.

□ 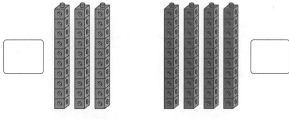 □

파란색 모형은 초록색 모형보다 (많습니다 , 적습니다).

40은 □ 보다 (큽니다 , 작습니다).

⑤ 50까지 수의 순서

1부터 50까지의 수 알아보기

수를 순서대로 썼을 때 앞으로 가면 1씩 작아지고, 뒤로 가면 1씩 커집니다.

1	2	3	4	5	6	7	8	9	10
11	12	13	14	15	16	17	18	19	20
21	22	23	24	25	26	27	28	29	30
31	32	33	34	35	36	37	38	39	40
41	42	43	44	45	46	47	48	49	50

- 12보다 1만큼 더 작은 수는 11이고, 12보다 1만큼 더 큰 수는 13입니다.
- 25와 27 사이의 수는 26입니다.
- 47과 50 사이의 수는 48, 49입니다.

개념 확인 1 표를 보고 ☐ 안에 알맞은 수를 써넣으세요.

31	32	33	34	35	36	37	38	39	40

- 32와 34 사이의 수는 ☐ 입니다.
- 36과 39 사이의 수는 ☐ , ☐ 입니다.

2 빈칸에 알맞은 수를 써넣으세요.

(1) 1만큼 더 작은 수 ☐ ─ 21 ─ ☐ 1만큼 더 큰 수

(2) 1만큼 더 작은 수 ☐ ─ 34 ─ ☐ 1만큼 더 큰 수

(3) 1만큼 더 작은 수 ☐ ─ 43 ─ ☐ 1만큼 더 큰 수

3 빈칸에 알맞은 수를 써넣으세요.

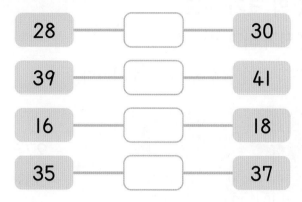

28		30
39		41
16		18
35		37

4 빈 곳에 알맞은 수를 써넣으세요.

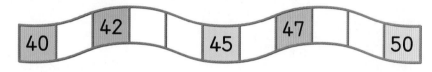

| 40 | | 42 | | | 45 | | 47 | | | 50 |

[5~6] 사물함을 보고 물음에 답하세요.

1	6	11	16	21		31	36	41	46
2	7		17	22	27	32	37	42	47
3	8	13	18		28	33			48
	9	14	19	24	29	34	39	44	49
5	10		20	25	30	35	40	45	

5 사물함의 빈칸에 알맞은 수를 써넣으세요.

6 ☐ 안에 알맞은 수를 써넣으세요.

32보다 1만큼 더 큰

수는 ☐ (이)야.

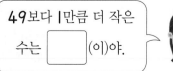

49보다 1만큼 더 작은

수는 ☐ (이)야.

교과서 개념 잡기

개념 강의

6 50까지 수의 크기 비교

27과 35의 크기 비교

10개씩 묶음의 수가 클수록 더 큰 수입니다.

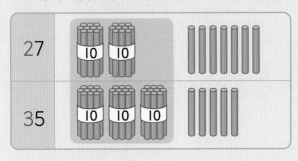

→ 27은 35보다 작습니다.
35는 27보다 큽니다.

32와 38의 크기 비교

10개씩 묶음의 수가 같으면 낱개의 수를 비교합니다.

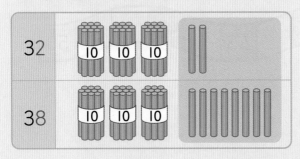

→ 32는 38보다 작습니다.
38은 32보다 큽니다.

개념 확인 1 그림을 보고 ☐ 안에 알맞은 수를 써넣으세요.

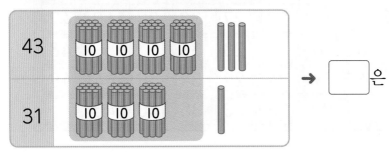

→ ☐ 은 ☐ 보다 큽니다.

2 그림을 보고 더 작은 수에 △표 하세요.

28	25
⬤⬤⬤⬤⬤⬤⬤⬤⬤⬤ ⬤⬤⬤⬤⬤⬤⬤⬤⬤⬤ ⬤⬤⬤⬤⬤⬤⬤⬤	⬤⬤⬤⬤⬤⬤⬤⬤⬤⬤ ⬤⬤⬤⬤⬤⬤⬤⬤⬤⬤ ⬤⬤⬤⬤⬤

3 그림을 보고 □ 안에 알맞은 수를 써넣으세요.

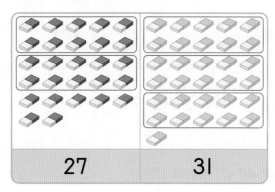

| 27 | 31 |

□ 은 □ 보다 작습니다.

4 주어진 수만큼 칸을 색칠하고, 두 수의 크기를 비교해 보세요.

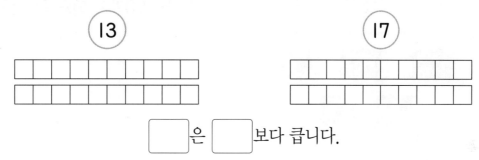

⑬　　　　　　　　　⑰

□ 은 □ 보다 큽니다.

5 더 큰 수에 ◯표 하세요.

(1) | 26 | 18 |

(2) | 34 | 31 |

(3) | 46 | 48 |

6 가장 작은 수에 △표 하세요.

| 29 | 12 | 48 |

두 수 먼저 비교하거나
세 수를 동시에 비교해.

4 10개씩 묶어 세기 /
50까지의 수

개념 122쪽

01 10개씩 묶어 보고, ☐ 안에 알맞은 수를 써넣으세요.

10개씩 묶음 ☐ 개 → ☐ 개

02 각 음식의 수를 쓰고, 두 가지 방법으로 읽어 보세요.

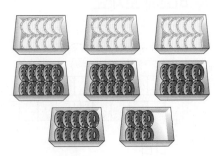

(1)

	쓰기	
☽	읽기	

(2)

	쓰기	
◉	읽기	

03 구슬이 몇 개인지 세어 보세요.

☐ 개

04 나타내는 수를 쓰세요.

(1)
10개씩 묶음	낱개
2	5

→ ☐

(2)
10개씩 묶음	낱개
4	3

→ ☐

05 40개가 되도록 ◯를 그려 보세요.

06 빈칸에 알맞은 수를 써넣으세요.

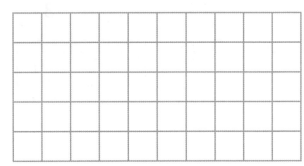

물고기	10개씩 묶음	낱개
◀	1	6
◀		
◀		

교과역량 콕! 연결

07 그림을 보고 색칠한 칸의 수를 세어 보세요.

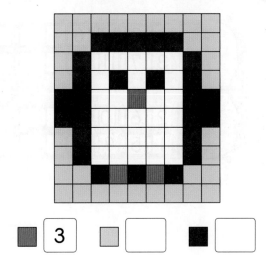

☐ 3 ☐ ☐ ■ ☐

08 준호가 사용한 연결 모형의 수를 써넣으세요.

난 강아지 5마리를 만들래.

강아지　　　　　준호

사용한 연결 모형의 수: ☐ 개

5 **50까지 수의 순서**　　개념 124쪽

09 47부터 50까지 수를 순서대로 쓰세요.

47 ─ ◯ ─ ◯ ─ ◯

10 수를 순서대로 이어 그림을 완성해 보세요.

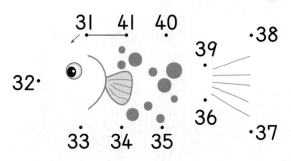

11 수를 거꾸로 세어 빈칸에 알맞은 수를 써넣으세요.

35	34	33	32	31
30	29			26
25	24	23	22	21
	19		17	

교과역량 콕! 연결

12 연서의 가방을 찾아 ◯표 하세요.

내 가방에는 44보다 1만큼 더 큰 수가 적혀 있어.

연서

 42　 43　 44　45

13 빈 곳에 알맞은 수를 써넣으세요.

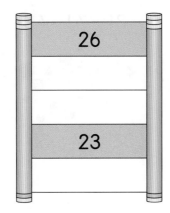

26

23

교과역량 콕! 문제해결 | 추론

14 엘리베이터 버튼 그림입니다. 빈칸에 알맞은 수를 써넣으세요.

| 8 | 9 | | | | | 14 |
| 1 | 2 | 3 | 4 | | | 7 |

15 빈 곳에 알맞은 수를 써넣으세요.

34   36 37

16 버스에서 21번 자리에 ◯표 하세요.

6 **50까지 수의 크기 비교**   개념 126쪽

17 더 작은 수에 △표 하세요.

(1) | 28 | 40 |

(2) | 17 | 11 |

18 그림을 보고 ☐ 안에 알맞은 수를 써넣으세요.

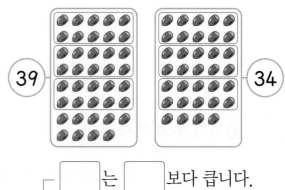

39   34

→ ☐ 는 ☐ 보다 큽니다.

   ☐ 는 ☐ 보다 작습니다.

19 ㉠과 ㉡ 중 더 작은 것을 쓰세요.

> ㉠ 10개씩 묶음 **2**개와 낱개 **3**개
> ㉡ 10개씩 묶음 **3**개와 낱개 **9**개

( )

20 수가 가장 큰 것에 ◯표 하세요.

| 21 | 17 | 35 |

( ) ( ) ( )

21 더 작은 수를 찾아 길을 따라가 보세요.

22 참외의 수는 몇 개인지 쓰세요.

?6개

> 참외는 **30**개보다 많고 **42**개보다 적어.

( )

23 작은 수부터 순서대로 쓰세요.

| 13 | 45 | 50 | 29 |

→ ☐ , ☐ , ☐ , ☐

24 조건에 알맞은 수를 모두 쓰세요.

> • 10개씩 묶음 **2**개와 낱개 **7**개인 수보다 큰 수
> • **30**보다 작은 수

( )

5. 50까지의 수 **131**

1

은정이는 **젤리를 10개씩 묶음 1개와 낱개 4개**를 가지고 있습니다. 은정이가 가지고 있는 젤리는 모두 몇 개인지 풀이 과정을 쓰고, 답을 구하세요.

(1단계) 10개씩 묶음의 수와 낱개의 수 구하기

10개씩 묶음 1개와 낱개 4개는 ☐ 입니다.

(2단계) 은정이가 가지고 있는 젤리의 수 구하기

따라서 은정이가 가지고 있는 젤리는 ☐ 개입니다.

답 _____

2

서윤이는 **사탕을 10개씩 묶음 3개와 낱개 9개**를 가지고 있습니다. 서윤이가 가지고 있는 사탕은 모두 몇 개인지 풀이 과정을 쓰고, 답을 구하세요.

(1단계) 10개씩 묶음의 수와 낱개의 수 구하기

_____

_____

(2단계) 서윤이가 가지고 있는 사탕의 수 구하기

_____

_____

답 _____

3

37과 46 중에서 더 큰 수는 어느 것인지 풀이 과정을 쓰고, 답을 구하세요.

(1단계) 10개씩 묶음의 수와 낱개의 수 구하기

37은 10개씩 묶음 ☐ 개와 낱개 7개입니다.

46은 10개씩 묶음 ☐ 개와 낱개 6개입니다.

(2단계) 더 큰 수는 어느 것인지 구하기

따라서 10개씩 묶음의 수가 더 큰 ☐ 이 더 큰 수입니다.

답 _____

4

22와 30 중에서 더 큰 수는 어느 것인지 풀이 과정을 쓰고, 답을 구하세요.

(1단계) 10개씩 묶음의 수와 낱개의 수 구하기

_____

_____

(2단계) 더 큰 수는 어느 것인지 구하기

_____

_____

답 _____

5

규민이가 정한 조건에 맞는 수를 모두 구하려고 합니다. 풀이 과정을 쓰고, 답을 구하세요.

규민 **19와 23 사이의 수를 모두 구할 거야.**

[1단계] 19부터 23까지의 수 순서대로 쓰기

19부터 23까지의 수를 순서대로 써 보면

19, ☐, ☐, ☐, 23입니다.

[2단계] 19와 23 사이의 수 구하기

따라서 19와 23 사이의 수는

☐, ☐, ☐ 입니다.

답 _____

6

리아가 정한 조건에 맞는 수를 모두 구하려고 합니다. 풀이 과정을 쓰고, 답을 구하세요.

리아 **28과 31 사이의 수를 모두 구할 거야.**

[1단계] 28부터 31까지의 수 순서대로 쓰기

_____

_____

[2단계] 28과 31 사이의 수 구하기

_____

_____

답 _____

5 단원

7

주어진 수와 단어를 모두 사용하여 이야기를 만들어 보세요.

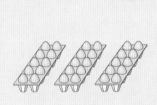 

| 30 | 달걀 | 냉장고 |

[이야기] 수와 단어에 알맞은 상황으로 이야기 만들기

냉장고에 ☐ 이 ☐ 개 있습니다.

8

창의형

주어진 수와 단어를 모두 사용하여 이야기를 만들어 보세요.

| 24 | 실 | 구슬 |

[이야기] 수와 단어에 알맞은 상황으로 이야기 만들기

_____

_____

맞힌 개수

01 ☐ 안에 알맞은 수를 써넣으세요.

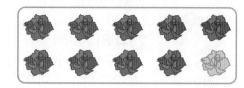

9보다 1만큼 더 큰 수를

☐ 이라고 합니다.

02 10개인 것을 찾아 ○표 하세요.

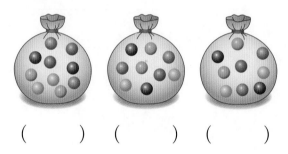

(   ) (   ) (   )

03 ☐ 안에 알맞은 수를 써넣으세요.

10개씩 묶음 1개와 낱개 6개를

☐ 이라고 합니다.

04 10개씩 묶고, 수로 나타내세요.

05 ☐ 안에 알맞은 수를 써넣으세요.

30은 10개씩 묶음이 ☐ 개입니다.

06 수를 두 가지 방법으로 읽어 보세요.

수	읽기	
30	삼십	
20		스물
50		쉰
40		

07 수의 순서에 맞게 빈칸에 알맞은 수를 써 넣으세요.

41 — 42 — ☐ — ☐

45 — ☐

08 빈 곳에 알맞은 수를 써넣으세요.

10 — 20 — 30 — ◯ — ◯

09 복숭아가 몇 개인지 세어 보세요.

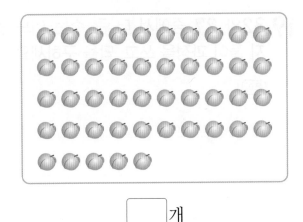

☐ 개

10 ☐ 안에 알맞은 수를 써넣고, 알맞은 말에 ○표 하세요.

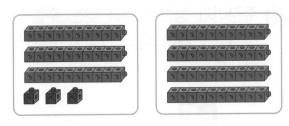

33은 ☐ 보다 (큽니다 , 작습니다).

11 가르기를 하여 빈 곳에 알맞은 수를 써넣으세요.

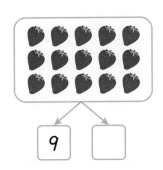

9   ☐

12 나타내는 수가 다른 것에 ○표 하세요.

| 24 | 이십사 | 스물둘 |

(   )   (   )   (   )

13 수를 세어 쓰고, 어느 수가 더 큰지 비교해 보세요.

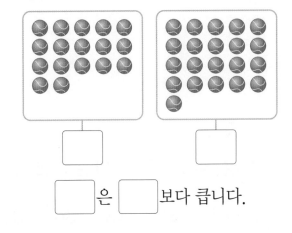

☐   ☐

☐ 은 ☐ 보다 큽니다.

14 모으기해서 19가 되는 수끼리 이어 보세요.

(1)   10   ·   ·   14

(2)   8   ·   ·   9

(3)   5   ·   ·   11

15 가장 작은 수에 △표 하세요.

36   43   39

16 두 가지 방법으로 가르기를 해 보세요.

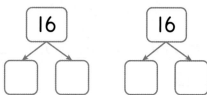

17 주어진 수를 작은 수부터 순서대로 쓰세요.

29 31 33 30 32

○─○─○─○─○

18 43번 보관함을 찾아 ○표 하세요.

33	34
	36
37	38
39	

41	
	46
47	48

19 32와 27 중에서 더 큰 수는 어느 것인지 풀이 과정을 쓰고, 답을 구하세요.

풀이

답

20 주경이가 정한 조건에 맞는 수를 모두 구하려고 합니다. 풀이 과정을 쓰고, 답을 구하세요.

38과 42 사이의 수를 모두 구할 거야.

주경

풀이

답

아래 그림 속에는 하트 모양 30개가 숨어 있어요.
마음 속으로 소원을 빌면서 숨어 있는 하트 모양을 모두 찾아보세요.
하트 모양 30개를 모두 찾으면 소원이 이루어질지도 몰라요~!

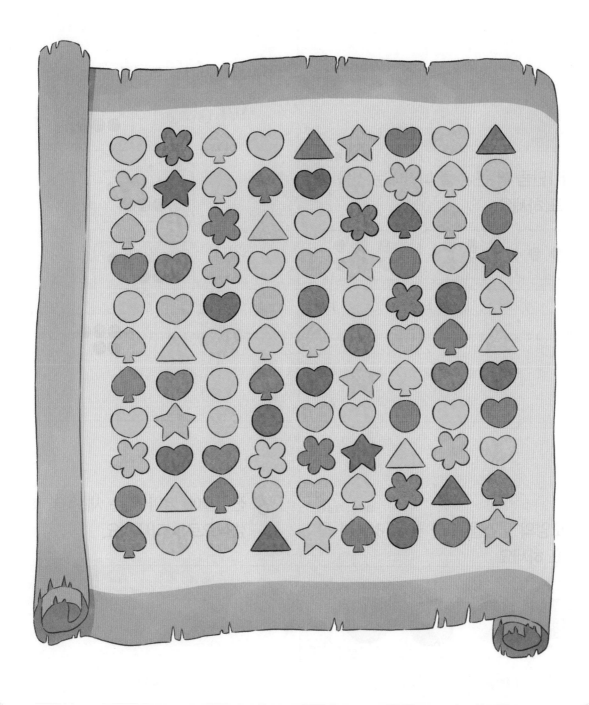

01 그림의 수를 세어 ☐ 안에 알맞은 수를 써 넣으세요.

1단원 | 개념 ②

02 5보다 1만큼 더 큰 수를 나타내는 것을 찾아 ◯표 하세요.

1단원 | 개념 ④

(   )   (   )   (   )

03 어떤 모양의 물건을 모아 놓은 것인지 찾아 ◯표 하세요.

2단원 | 개념 ①

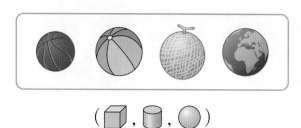

(⬛ , 🗄 , ⚫)

04 잘 쌓을 수 없는 것에 ◯표 하세요.

2단원 | 개념 ②

(   )   (   )   (   )

05 모으기와 가르기를 해 보세요.

3단원 | 개념 ①

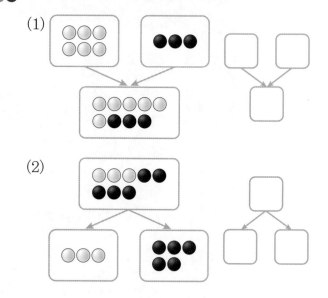

06 전깃줄에 남아 있는 새는 몇 마리인지 뺄셈식으로 나타내세요.

3단원 | 개념 ⑧

$4 - \boxed{} = \boxed{}$

07 더 긴 것에 ◯표 하세요.

　　　　　　　(　)

　　　　　　　(　)

08 알맞은 말에 ◯표 하세요.

호박은 토마토보다
더 (무겁습니다 , 가볍습니다).

09 아이스크림의 수를 세어 쓰세요.

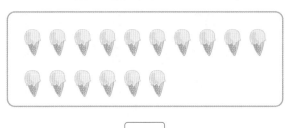

　　　　　　[　　]

10 같은 수끼리 이어 보세요.

(1) 30 ・　　　・ 오십

(2) 50 ・　　　・ 스물

(3) 20 ・　　　・ 서른

11 수의 순서대로 번호를 쓰세요.

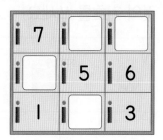

12 ★와 🐚의 수를 세어 ☐ 안에 쓰고, 알맞은 말에 ◯표 하세요.

★ [　]　　🐚 [　]

🐚 는 ★ 보다 (많습니다 , 적습니다).

13 쌓기나무와 모양이 같은 것을 찾아 ◯표 하세요.

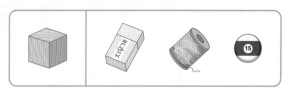

2단원 | 개념 ❷

14 어느 방향으로 굴려도 잘 굴러가는 모양이 <u>아닌</u> 것의 기호를 쓰세요.

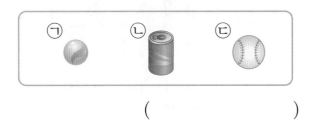

( )

3단원 | 개념 ❺

15 화살이 꽂힌 곳의 점수를 더하면 모두 몇 점인지 구하세요.

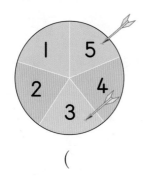

( )

3단원 | 개념 ❼

16 그림을 보고 알맞은 뺄셈식을 쓰세요.

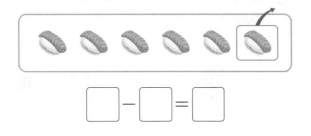

□－□＝□

2단원 | 개념 ❸

17 ⬛, 🟦, ⚫ 모양을 각각 몇 개 사용했는지 세어 □ 안에 알맞은 수를 써넣으세요.

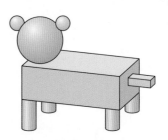

⬛ 모양	🟦 모양	⚫ 모양
□ 개	□ 개	□ 개

5단원 | 개념 ❹

18 빈칸에 알맞은 수를 써넣으세요.

수	10개씩 묶음	낱개
32	3	2
	2	9
45		

4단원 | 개념 ❹

19 담긴 물의 양이 가장 적은 컵의 기호를 쓰세요.

( )

5단원 | 개념 ❺

20 거꾸로 수를 세어 빈 곳에 알맞은 수를 써 넣으세요.

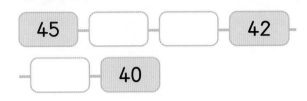

3단원 | 개념 ❾

23 계산 결과가 다른 하나를 찾아 기호를 쓰세요.

| ㉠ 4+3 | ㉡ 6+1 |
| ㉢ 8-3 | ㉣ 9-2 |

(   )

4단원 | 개념 ❹

21 담을 수 있는 양이 가장 많은 것부터 차례로 1, 2, 3을 쓰세요.

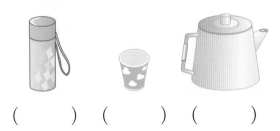

(   ) (   ) (   )

4단원 | 개념 ❸

24 한 칸의 크기가 같을 때 가장 넓은 것의 기호를 쓰세요.

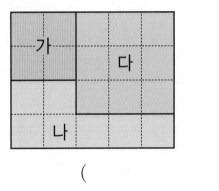

(   )

1단원 | 개념 ❻

22 수 카드를 큰 수부터 차례로 놓았을 때 오른쪽에서 두 번째에 놓이는 수를 구하세요.

| 7 | 4 | 1 | 8 |

(   )

5단원 | 개념 ❻

25 큰 수부터 차례로 쓰세요.

| 35 | 24 | 41 | 29 |

→ ☐ , ☐ , ☐ , ☐

단원 총정리

ME MO

창의력 쑥쑥 정답

033쪽

051쪽
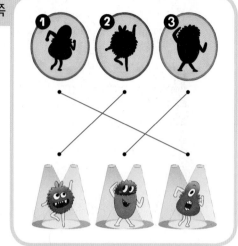

087쪽

109쪽

137쪽
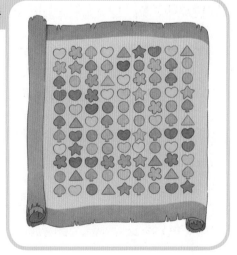

동아출판 초등 무료 스마트러닝

동아출판 초등 **무료 스마트러닝**으로
초등 전 과목 · 전 영역을 쉽고 재미있게!

전 과목 개념 강의

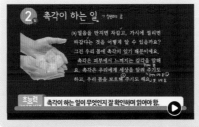

국어 독해 지문 분석 강의

구구단 송

그림으로 이해하는 비주얼씽킹 강의

과학 실험 동영상 강의

과목별 문제 풀이 강의

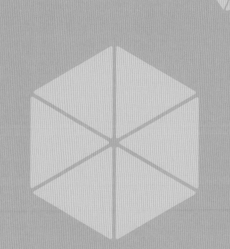

큐브 개념

초등 수학

1·1

기본 강화책

기초력 더하기 | 수학익힘 다잡기

동아출판

기본 강화책

개념책 008쪽 ● 정답 33쪽

[1~6] 그림의 수만큼 ◯를 그려 보세요.

1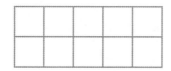

2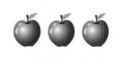

3

4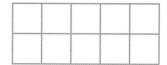

5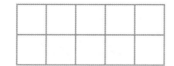

6

[7~14] 수를 세어 ☐ 안에 알맞은 수를 써넣으세요.

7  ☐

8  ☐

9  ☐

10  ☐

11  ☐

12  ☐

13  ☐

14  ☐

개념책 010쪽 ● 정답 33쪽

[1~6] 그림의 수만큼 ◯를 그려 보세요.

1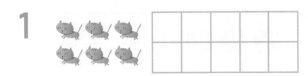

2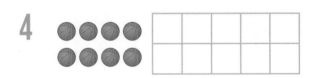

3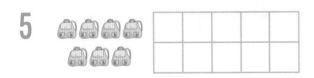

4

5

6

[7~12] 수를 세어 ☐ 안에 알맞은 수를 써넣으세요.

7

8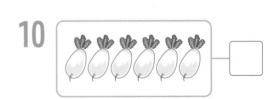

9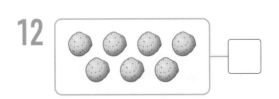

10

11

12

개념책 012쪽 ● 정답 33쪽

[1~6] **왼쪽에서부터 수를 세어 알맞게 색칠해 보세요.**

1

4	△△△△△△△△
넷째	△△△△△△△△

2

5	☐☐☐☐☐☐☐☐
다섯째	☐☐☐☐☐☐☐☐

3

7	♡♡♡♡♡♡♡♡
일곱째	♡♡♡♡♡♡♡♡

4

9	◇◇◇◇◇◇◇◇◇
아홉째	◇◇◇◇◇◇◇◇◇

5

8	☆☆☆☆☆☆☆☆☆
여덟째	☆☆☆☆☆☆☆☆☆

6

6	♧♧♧♧♧♧♧♧♧
여섯째	♧♧♧♧♧♧♧♧♧

[7~12] **알맞은 칸에 색칠해 보세요.**

7 오른쪽에서 셋째 칸

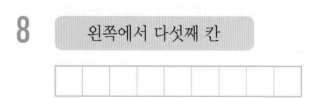

8 왼쪽에서 다섯째 칸

9 오른쪽에서 여섯째 칸

10 왼쪽에서 일곱째 칸

11 위에서 넷째 칸

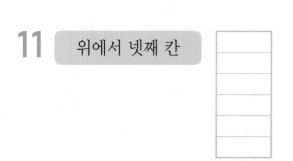

12 아래에서 둘째 칸

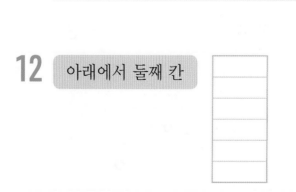

[1~8] 순서에 알맞게 수를 써 보세요.

1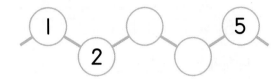

2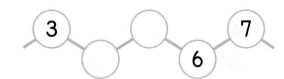

3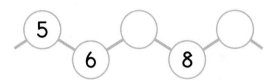

4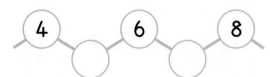

5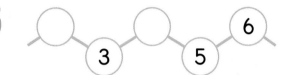

6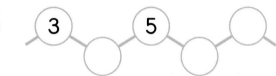

7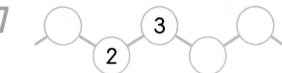

8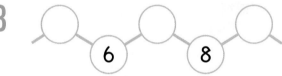

[9~16] 순서를 거꾸로 하여 수를 써 보세요.

9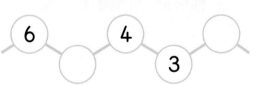

10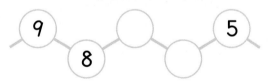

11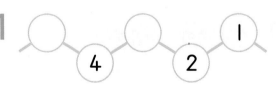

12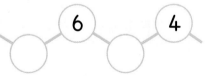

13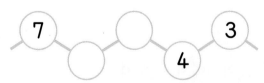

14

15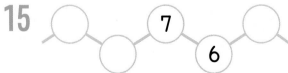

16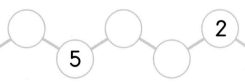

개념책 018쪽 ● 정답 34쪽

[1~4] 그림의 수보다 l만큼 더 큰 수에 ◯표 하세요.

1
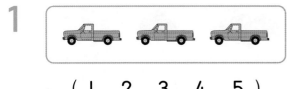
(l , 2 , 3 , 4 , 5)

2
(5 , 6 , 7 , 8 , 9)

3
(l , 2 , 3 , 4 , 5)

4
(5 , 6 , 7 , 8 , 9)

[5~8] 그림의 수보다 l만큼 더 작은 수에 ◯표 하세요.

5

(l , 2 , 3 , 4 , 5)

6

(5 , 6 , 7 , 8 , 9)

7

(l , 2 , 3 , 4 , 5)

8
(5 , 6 , 7 , 8 , 9)

[9~14] 빈칸에 알맞은 수를 써넣으세요.

9 l만큼 더 작은 수 　 l만큼 더 큰 수
[　] — [3] — [　]

10 l만큼 더 작은 수 　 l만큼 더 큰 수
[　] — [2] — [　]

11 l만큼 더 작은 수 　 l만큼 더 큰 수
[　] — [8] — [　]

12 l만큼 더 작은 수 　 l만큼 더 큰 수
[　] — [5] — [　]

13 l만큼 더 작은 수 　 l만큼 더 큰 수
[　] — [7] — [　]

14 l만큼 더 작은 수 　 l만큼 더 큰 수
[　] — [6] — [　]

[1~6] 수를 세어 ☐ 안에 알맞은 수를 써넣으세요.

1

| 2 | 1 | ☐ |

2

| ☐ | ☐ | ☐ |

3

| ☐ | ☐ | ☐ |

4

| ☐ | ☐ | ☐ |

5

| ☐ | ☐ | ☐ |

6

| ☐ | ☐ | ☐ |

[7~12] ☐ 안에 알맞은 수를 써넣으세요.

7

곰은 ☐ 마리입니다.

8

안경을 쓴 사람은 ☐ 명입니다.

9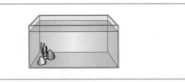

어항 속 물고기는 ☐ 마리입니다.

10

노란색 공은 ☐ 개입니다.

11

빈 꽃병은 ☐ 개입니다.

12

터진 풍선은 ☐ 개입니다.

개념책 022쪽 ● 정답 34쪽

[1~4] 그림을 보고 알맞은 말에 ◯표 하세요.

1

3은 4보다 (큽니다 , 작습니다).

2

6은 3보다 (큽니다 , 작습니다).

3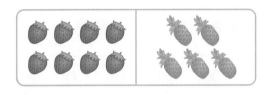

8은 5보다 (큽니다 , 작습니다).

4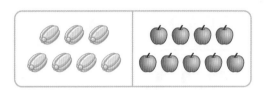

7은 9보다 (큽니다 , 작습니다).

[5~10] 더 큰 수에 ◯표 하세요.

5 | 6 | 4 |

6 | 3 | 5 |

7 | 7 | 9 |

8 | 9 | 8 |

9 | 8 | 6 |

10 | 1 | 2 |

[11~16] 더 작은 수에 △표 하세요.

11 | 5 | 6 |

12 | 9 | 5 |

13 | 0 | 3 |

14 | 8 | 7 |

15 | 1 | 4 |

16 | 6 | 2 |

개념책 022쪽 ● 정답 34쪽

1 수를 세어 이어 보세요.

(1)  ・ ・ 1

(2)  ・ ・ 4

(3)  ・ ・ 2

(4)  ・ ・ 3

(5)  ・ ・ 5

2 그림을 보고 수를 세어 쓰세요.

 1

3 수를 쓰고, 읽어 보세요.

(1)
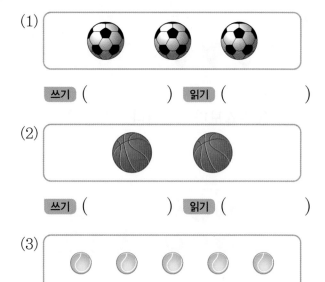

쓰기 ( ) 읽기 ( )

(2)

쓰기 ( ) 읽기 ( )

(3)

쓰기 ( ) 읽기 ( )

4 1부터 5까지의 수 중 쓰고 싶은 수를 ☐ 안에 쓰고, 수만큼 색칠하세요.

(1)
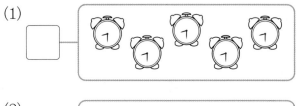

(2)
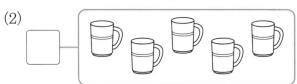

교과역량 쏙!

5 1부터 5까지의 수 중 필요하다고 생각한 수만큼 ☐ 안에 써넣으세요.

(1)    (2)

개념책 015쪽 ● 정답 35쪽

1 수를 세어 이어 보세요.

(1)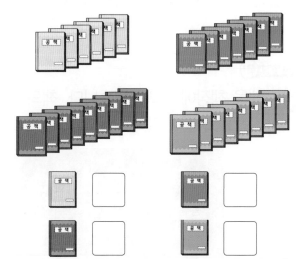

・ ・ 7

(2) ・ ・ 9

(3) ・ ・ 6

(4) ・ ・ 8

2 공책의 수를 세어 쓰세요.

3 수를 쓰고, 읽어 보세요.

(1) 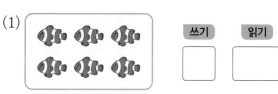 쓰기 읽기

(2) 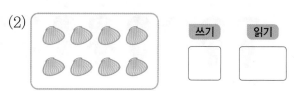 쓰기 읽기

4 수만큼 색칠해 보세요.

(1) 7

(2) 9

교과역량 쿡!

5 물건의 수를 6, 7, 8, 9로 세어 쓰세요.

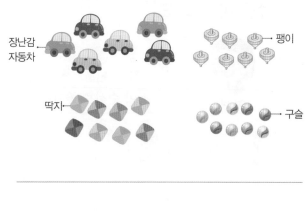

장난감
자동차   → 팽이

딱지→   → 구슬

1 순서에 알맞게 이어 보세요.

(1) **2** (2) **4** (3) **7**

첫째

2 그림을 보고 알맞게 이어 보세요.

(1) 위에서 셋째 ·

(2) 아래에서 다섯째 ·

(3) 아래에서 둘째 ·

(4) 아래에서 여섯째 ·

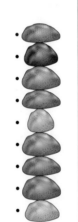

3 연서가 좋아하는 순서대로 ☐ 안에 알맞은 수를 써넣으세요.

연서 난 이 순서로 좋아해.

 2   ☐  ☐

 ☐   ☐

4 〈보기〉와 같이 색칠해 보세요.

〈보기〉

| **4** | ⊙⊙⊙⊙⊙○○○○○ |
| 넷째 | ◎◎◎◎●◎◎◎◎◎ |

(1)
| **3** | ◇◇◇◇◇◇◇◇◇◇ |
| 셋째 | ◇◇◇◇◇◇◇◇◇◇ |

(2)
| **7** | ♡♡♡♡♡♡♡♡♡♡ |
| 일곱째 | ♡♡♡♡♡♡♡♡♡♡ |

(3)
| **8** | ☺☺☺☺☺☺☺☺☺☺ |
| 여덟째 | ☺☺☺☺☺☺☺☺☺☺ |

교과역량 콕!

5 책을 책장에 정리하였습니다. 책의 순서를 〈보기〉와 같이 말해 보세요.

〈보기〉

창작 동화는 왼쪽에서 둘째에 있습니다.

_____

_____

1 수를 순서대로 이어 보세요.

(1)
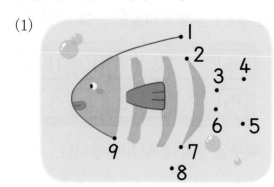

(2)
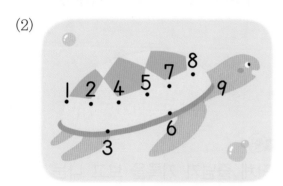

(3)
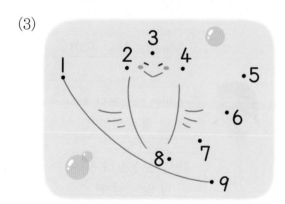

2 수를 순서대로 이어 보세요.

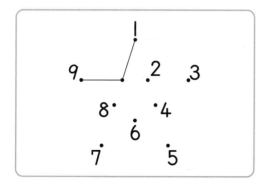

3 순서에 맞게 수를 써 보세요.

(1)
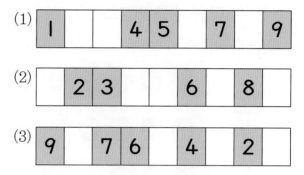

| 1 | | | 4 | 5 | | 7 | | 9 |

(2)

| | 2 | 3 | | | 6 | | 8 | |

(3)

| 9 | | 7 | 6 | | 4 | | 2 | |

4 빈칸에 알맞은 수를 써넣으세요.

(1) 4 — 5 — ☐ — 7 — ☐

(2) 2 — ☐ — ☐ — 5 — ☐

(3) 9 — ☐ — ☐ — 6 — 5

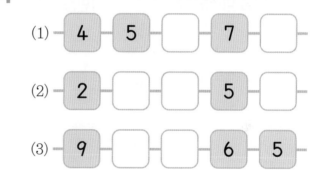

5 빈칸에 알맞은 수를 써넣고, 같은 수끼리 같은 색으로 칠해 보세요.

| 1 | | 3 | 4 | | | 7 | 8 | |

| | 2 | 3 | | 5 | 6 | | 8 | 9 |

1 빈칸에 구슬의 수보다 1만큼 더 작은 수와 1만큼 더 큰 수를 써넣으세요.

1만큼 더 작은 수   1만큼 더 큰 수

4 엘리베이터에서 미주와 준호가 누른 층수입니다. □ 안에 알맞은 수를 써넣으세요.

미주는 준호네 윗집에 삽니다.

미주네 집: ☐층, 준호네 집: ☐층

2 1만큼 더 작은 수와 1만큼 더 큰 수를 써넣으세요.

1만큼 더 작은 수   1만큼 더 큰 수

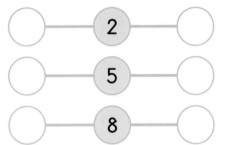

교과역량

5 단체 줄넘기 기록을 보고 나눈 친구들의 대화입니다. 물음에 답하세요.

오늘의 기록: **5**번

어제는 오늘보다 하나 더 적게 넘었어.

내일은 오늘보다 하나 더 많이 넘자!

(1) 어제의 기록은 몇 번일까요?

☐ 번

(2) 내일의 목표는 몇 번일까요?

☐ 번

3 〈보기〉와 같은 방법으로 색칠해 보세요.

(1) ① ② ③ ④ ⑤ ⑥ ⑦ ⑧ ⑨

(2) ① ② ③ ④ ⑤ ⑥ ⑦ ⑧ ⑨

1 컵케이크의 수를 세어 쓰세요.

2 꽃의 수를 세어 쓰세요.

3 빈칸에 알맞은 수를 써넣으세요.

	1	2		5		7

4 투호 놀이에서 넣은 화살의 수를 세어 쓰세요.

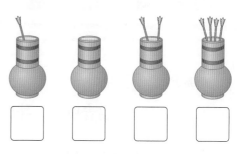

교과역량 콕!

5 그림을 보고 0을 사용하여 이야기해 보세요.

피자 **6**조각을 모두 먹었어.

_____

_____

1 도넛과 접시의 수를 비교해 보세요.

(1) 🍩은 ⬭보다

（ 많습니다 , 적습니다 ）.

(2) **4**는 ▢보다 (큽니다 , 작습니다).

2 수만큼 ◯를 그리고, 두 수의 크기를 비교해 보세요.

9									

6									

(1) **9**는 **6**보다 (큽니다 , 작습니다).

(2) **6**은 **9**보다 (큽니다 , 작습니다).

3 **5**보다 큰 수에 ◯표, **5**보다 작은 수에 △ 표 하세요.

l	2	3	4	5	6	7	8	9

4 가운데 수보다 작은 수는 빨간색, 가운데 수보다 큰 수는 노란색으로 색칠해 보세요.

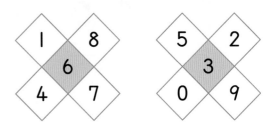

교과역량 콕!

5 수 카드 **3**장을 골라 ◯표 하고, ▢ 안에 알맞은 수를 써넣으세요.

(1) 고른 카드를 작은 수부터 써 보세요.

▢ , ▢ , ▢

(2) 가장 작은 수는 ▢이고, 가장 큰 수 는 ▢입니다.

[1~6] 왼쪽과 같은 모양의 물건에 ◯표 하세요.

1

2

3

4

5

6

[7~12] 주어진 물건들과 같은 모양에 ◯표 하세요.

7

(⬛ , 🥫 , ⚪)

8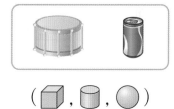

(⬛ , 🥫 , ⚪)

9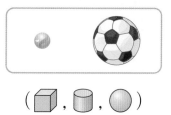

(⬛ , 🥫 , ⚪)

10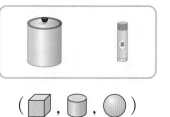

(⬛ , 🥫 , ⚪)

11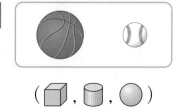

(⬛ , 🥫 , ⚪)

12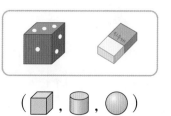

(⬛ , 🥫 , ⚪)

[1~8] ⬛, ⬢, ⚫ 모양을 각각 몇 개 사용했는지 세어 보세요.

1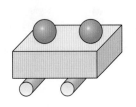

⬛ 모양: ☐ 개

⬢ 모양: ☐ 개

⚫ 모양: ☐ 개

2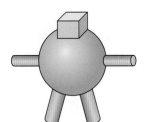

⬛ 모양: ☐ 개

⬢ 모양: ☐ 개

⚫ 모양: ☐ 개

3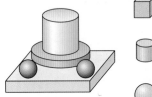

⬛ 모양: ☐ 개

⬢ 모양: ☐ 개

⚫ 모양: ☐ 개

4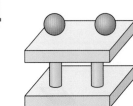

⬛ 모양: ☐ 개

⬢ 모양: ☐ 개

⚫ 모양: ☐ 개

5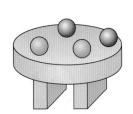

⬛ 모양: ☐ 개

⬢ 모양: ☐ 개

⚫ 모양: ☐ 개

6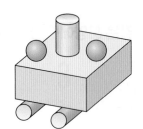

⬛ 모양: ☐ 개

⬢ 모양: ☐ 개

⚫ 모양: ☐ 개

7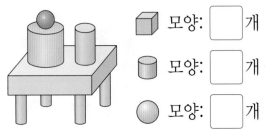

⬛ 모양: ☐ 개

⬢ 모양: ☐ 개

⚫ 모양: ☐ 개

8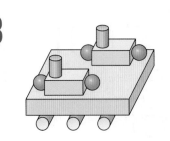

⬛ 모양: ☐ 개

⬢ 모양: ☐ 개

⚫ 모양: ☐ 개

1 왼쪽과 같은 모양에 ◯표 하세요.

(1)

(2)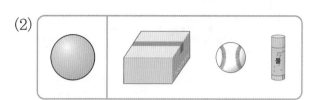

2 같은 모양끼리 모인 것을 고르세요.

가

나

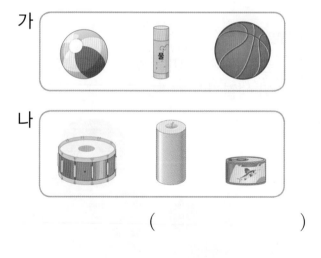

( )

3 과자 상자와 같은 모양의 물건을 찾아 ◯표 하세요.

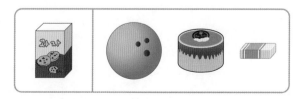

4 모양이 같은 것끼리 이어 보세요.

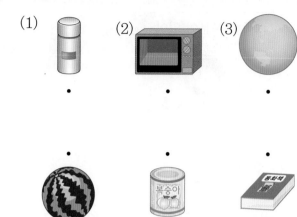

(1) (2) (3)

교과역량 쏙!

5 리아가 찾는 모양의 물건이 있는 칸을 찾아 색칠해 보세요.

냉장고와 같은 모양의 물건을 찾을래.

리아

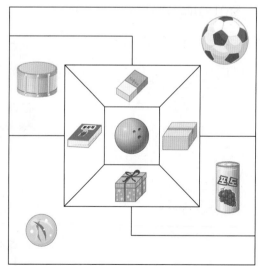

개념책 043쪽 ● 정답 37쪽

1 준호가 이야기한 물건에 ◯표 하세요.

뾰족한 부분이 있어.

준호

2 쌓기 어려운 물건을 모두 찾아 ◯표 하세요.

3 보이는 모양과 같은 모양의 물건을 모두 찾아 이어 보세요.

(1)
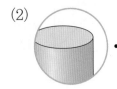 •

 •

(2)
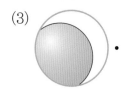 •

 •

(3)
•

4 알맞은 것끼리 이어 보세요.

(1)
 •

• 잘 굴러가. 쌓을 수 없어.

(2)
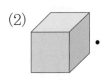 •

• 굴러가. 쌓을 수 있어.

(3)
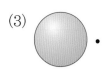 •

• 굴러가지 않아. 쌓을 수 있어.

교과역량 콕!

5 높이 쌓기 놀이를 하고 있습니다. 어떤 일이 생길지 말해 보세요.

_____

_____

1 사용한 모양을 모두 찾아 ◯표 하세요.

(1)

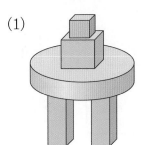

(⬜ , 🛢 , ⚫)

(2)

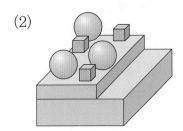

(⬜ , 🛢 , ⚫)

2 ⬜, 🛢, ⚫ 모양을 각각 몇 개 사용했는지 세어 보세요.

(1)

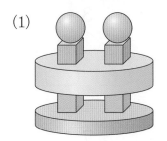

⬜ (   )개
🛢  (   )개
⚫ (   )개

(2)

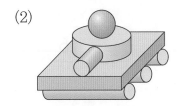

⬜ (   )개
🛢 (   )개
⚫ (   )개

3 주어진 모양을 모두 사용하여 만든 모양을 찾아 이어 보세요.

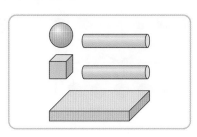

•

•   •

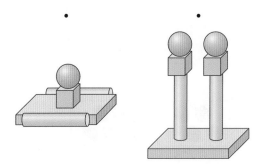

4 서로 다른 부분을 모두 찾아 이야기해 보세요.

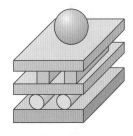 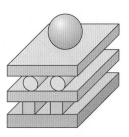

_____

_____

[1~6] 그림을 보고 모으기와 가르기를 해 보세요.

1
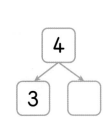

2
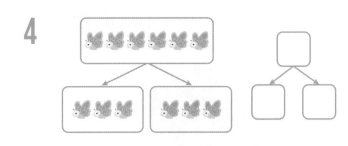

3
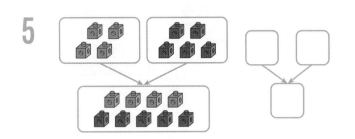

4
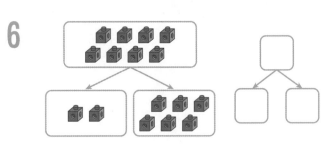

5

6
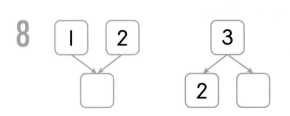

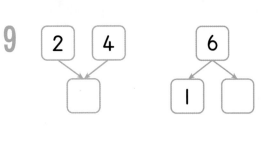

[7~12] 모으기와 가르기를 해 보세요.

7

8
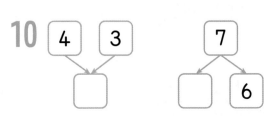

9

10
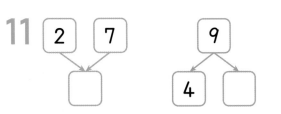

11

12
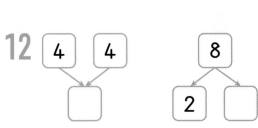

[1~10] 그림을 보고 덧셈을 해 보세요.

1

$2+1=\boxed{}$

2
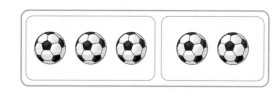

$3+2=\boxed{}$

3
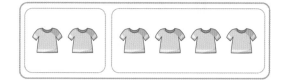

$2+4=\boxed{}$

4

$4+4=\boxed{}$

5

$2+7=\boxed{}$

6
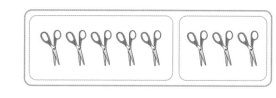

$5+3=\boxed{}$

7
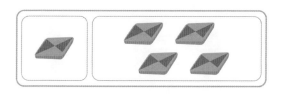

$1+4=\boxed{}$

8
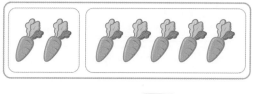

$2+5=\boxed{}$

9
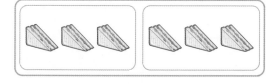

$3+3=\boxed{}$

10

$6+2=\boxed{}$

[1~18] 덧셈을 해 보세요.

1   1+3=☐

2   2+1=☐

3   2+2=☐

4   4+1=☐

5   5+1=☐

6   2+5=☐

7   2+7=☐

8   3+3=☐

9   3+6=☐

10   3+5=☐

11   1+8=☐

12   2+3=☐

13   4+3=☐

14   7+1=☐

15   4+2=☐

16   2+6=☐

17.   5+4=☐

18   7+2=☐

[1~10] 그림을 보고 뺄셈을 해 보세요.

1

$$5-4=\boxed{}$$

2

$$6-3=\boxed{}$$

3

$$8-2=\boxed{}$$

4

$$6-5=\boxed{}$$

5

$$9-4=\boxed{}$$

6

$$8-4=\boxed{}$$

7

$$7-3=\boxed{}$$

8

$$5-1=\boxed{}$$

9

$$8-3=\boxed{}$$

10

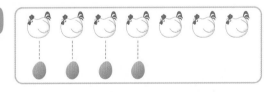

$$7-4=\boxed{}$$

[1~18] 뺄셈을 해 보세요.

1 4−3=□

2 3−1=□

3 8−5=□

4 6−2=□

5 8−4=□

6 6−1=□

7 7−4=□

8 8−6=□

9 5−3=□

10 9−6=□

11 7−5=□

12 5−1=□

13 9−1=□

14 6−3=□

15 8−3=□

16 9−5=□

17 7−3=□

18 9−2=□

[1~9] 덧셈과 뺄셈을 해 보세요.

1 $7+0=\boxed{}$

2 $2-0=\boxed{}$

3 $0+5=\boxed{}$

4 $8-8=\boxed{}$

5 $6+0=\boxed{}$

6 $4-4=\boxed{}$

7 $0+3=\boxed{}$

8 $9-0=\boxed{}$

9 $5-5=\boxed{}$

[10~18] $\boxed{}$ 안에 $+$, $-$ 를 알맞게 써넣으세요.

10 $6\boxed{}6=0$

11 $4\boxed{}0=4$

12 $0\boxed{}7=7$

13 $2\boxed{}2=0$

14 $0\boxed{}1=1$

15 $5\boxed{}5=0$

16 $8\boxed{}0=8$

17 $0\boxed{}3=3$

18 $9\boxed{}0=9$

[1~6] 덧셈과 뺄셈을 해 보세요.

1
2+1 = ☐
2+2 = ☐
2+3 = ☐

2
4+5 = ☐
4+4 = ☐
4+3 = ☐

3
3+3 = ☐
3+4 = ☐
3+5 = ☐

4
9-1 = ☐
9-2 = ☐
9-3 = ☐

5
8-5 = ☐
8-4 = ☐
8-3 = ☐

6
5-2 = ☐
5-3 = ☐
5-4 = ☐

[7~10] ☐ 안에 알맞은 수를 써넣으세요.

7
2+5 = ☐
3+4 = ☐
4+3 = ☐
→ 합이 ☐로 같습니다.

8
7+2 = ☐
6+3 = ☐
5+4 = ☐
→ 합이 ☐로 같습니다.

9
6-2 = ☐
7-3 = ☐
8-4 = ☐
→ 차가 ☐로 같습니다.

10
5-3 = ☐
4-2 = ☐
3-1 = ☐
→ 차가 ☐로 같습니다.

개념책 060쪽 ● 정답 39쪽

[1~3] 모으기와 가르기를 해 보세요.

1

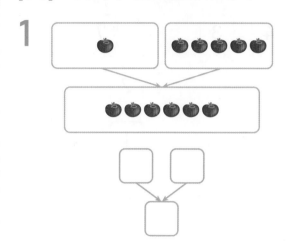

2

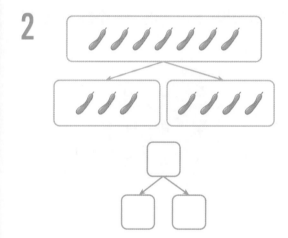

3

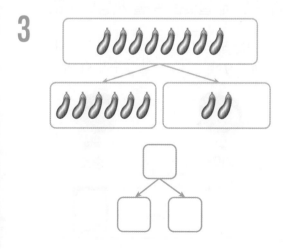

4 두 가지 색으로 칸을 칠하고, 수를 써넣으세요.

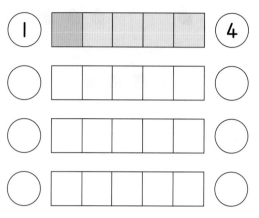

5 가르기를 해 보세요.

(1)

(2)

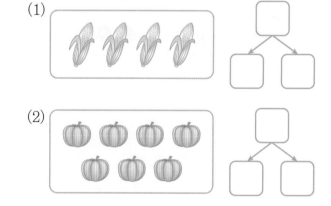

6 점의 수가 6이 되도록 점을 그려 보세요.

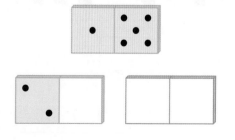

[1~3] 모으기와 가르기를 해 보세요.

1
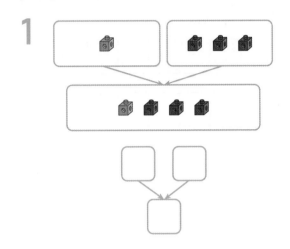

2
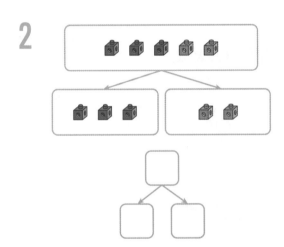

3
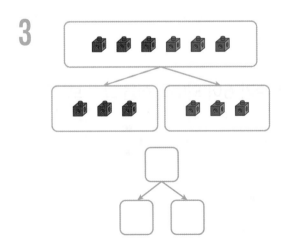

4 모으기와 가르기를 해 보세요.

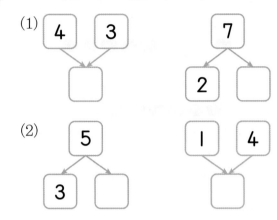

5 모으기를 하여 **8**이 되는 두 수를 묶어 보세요.

8	5	3
4	4	1
2	6	7

교과역량 쏙!

6 수 카드 안에 알맞은 수를 써넣으세요.

두 수를 모으기 하면 **9**야.

내 수 카드의 수가 더 커!

리아   준호

[1~3] 그림을 보고 이야기를 만들어 보세요.

1

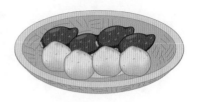

바구니에 감자 ☐개, 고구마 ☐개가 있으므로 바구니에 들어 있는 감자와 고구마는 모두 ☐개입니다.

2

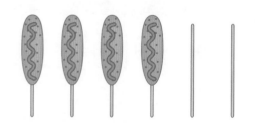

핫도그 ☐개가 있었는데 ☐개를 먹어서 ☐개가 남았습니다.

3

고양이가 ☐마리, 강아지가 ☐마리 있으므로 고양이가 강아지보다 ☐마리 더 많습니다.

[4~5] 그림을 보고 〈 보기 〉에서 알맞은 말을 골라 이야기를 만들어 보세요.

〈 보기 〉
모으면, 가르면, 모두, 남습니다, 더 많습니다, 더 적습니다

4

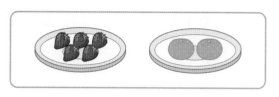

_____

_____

5

_____

_____

1 알맞은 것끼리 이어 보세요.

(1)　　　　　　　(2)

6+1=7　　　3+3=6

2 덧셈식을 쓰세요.

(1)
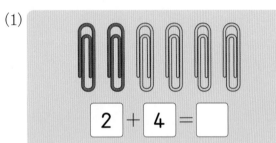

2 + 4 = ☐

(2)
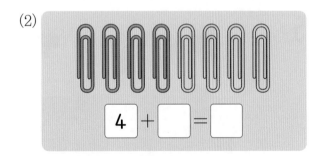

4 + ☐ = ☐

(3)
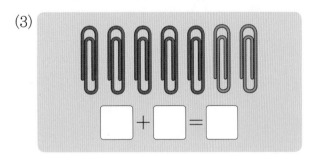

☐ + ☐ = ☐

3 그림을 보고 덧셈식을 쓰고, 읽어 보세요.

(1)
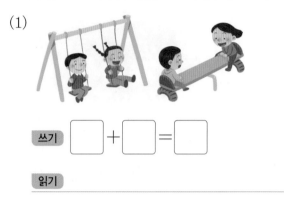

쓰기 ☐ + ☐ = ☐

읽기 _____

(2)

쓰기 ☐ + ☐ = ☐

읽기 _____

4 승우의 필통을 보고, ☐ 안에 알맞은 수를 써넣으세요.

필통 속 연필: ☐ 자루

필통 속 지우개: ☐ 개

☐ + ☐ = ☐

개념책 072쪽 ● 정답 40쪽

1 ○를 그려 덧셈을 해 보세요.

(1)

☐ + ☐ = ☐

(2)

☐ + ☐ = ☐

2 알맞은 것끼리 이어 보세요.

(1)   (2)

·   ·

·   ·

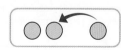   

교과역량 콕!

3 그림을 보고 덧셈을 해 보세요.

☐ + ☐ = ☐

☐ + ☐ = ☐

4 그림을 보고 ☐ 안에 알맞은 수를 써넣으세요.

   ☐ + ☐ = ☐

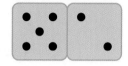   ☐ + ☐ = ☐

5 합이 같은 것끼리 이어 보세요.

(1) 3+4 ·   · 7+2

(2) 1+5 ·   · 4+3

(3) 2+7 ·   · 5+1

교과역량 콕!

6 합이 같은 덧셈식을 쓰세요.

5+3=☐   2+6=☐

1+7=☐   ☐+☐=☐

1 알맞은 것끼리 이어 보세요.

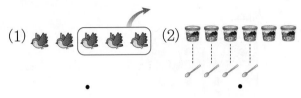

(1) (2)

· ·

· ·

$6-4=2$ $5-3=2$

2 그림을 보고 뺄셈식을 쓰세요.

(1)

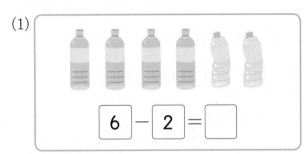

$6 - 2 = \boxed{}$

(2)

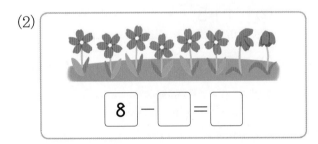

$8 - \boxed{} = \boxed{}$

(3)

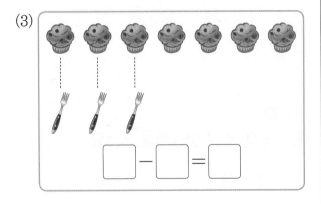

$\boxed{} - \boxed{} = \boxed{}$

3 그림을 보고 뺄셈식을 쓰고, 읽어 보세요.

쓰기 $\boxed{} - \boxed{} = \boxed{}$

읽기   _____

_____

4 ⬜ 모양 물건의 수와 ⬭ 모양 물건의 수를 세어 보고, 무엇이 얼마나 더 많은지 뺄셈식을 만들어 보세요.

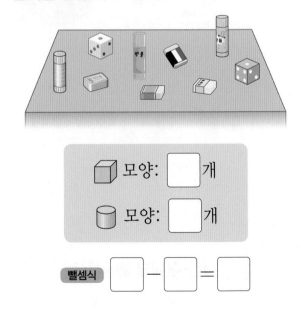

⬜ 모양: $\boxed{}$ 개

⬭ 모양: $\boxed{}$ 개

뺄셈식 $\boxed{} - \boxed{} = \boxed{}$

개념책 074쪽 ● 정답 41쪽

1 그림에 알맞게 ◯를 /으로 지우고, 뺄셈을 해 보세요.

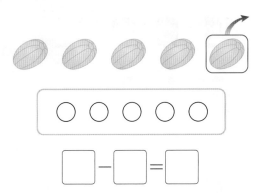

◯ ◯ ◯ ◯ ◯

☐ - ☐ = ☐

2 알맞은 것끼리 이어 보세요.

(1) 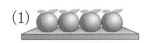 (2)

· ·

· ·

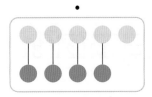 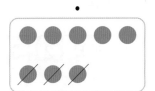

교과역량 콕!

3 그림을 보고 뺄셈을 해 보세요.

배추: 7 - ☐ = ☐

무: 9 - ☐ = ☐

4 어느 과일이 얼마나 더 많은지 뺄셈을 해 보세요.

과일 고르기 (사과 , 감 , 복숭아)

☐ - ☐ = ☐

교과역량 콕!

5 차가 같은 뺄셈식을 쓰세요.

9 - 5 = ☐   7 - 3 = ☐

5 - 1 = ☐   ☐ - ☐ = ☐

교과역량 콕!

6 색깔별 구슬에 적힌 수가 바뀌어 나오는 기계입니다. 어떤 수가 나오는지 써넣으세요.

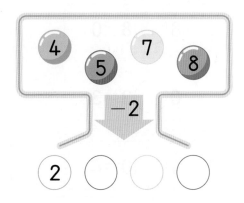

1 그림을 보고 덧셈을 해 보세요.

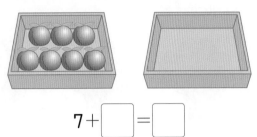

$$7 + \boxed{} = \boxed{}$$

2 그림을 보고 뺄셈을 해 보세요.

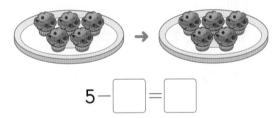

$$5 - \boxed{} = \boxed{}$$

3 ◯ 안에 +, −를 알맞게 써넣으세요.

(1)
$$8 \bigcirc 8 = 0$$

(2)
$$0 \bigcirc 3 = 3$$

(3)
$$4 \bigcirc 0 = 4$$

4 그림과 어울리는 식을 쓰고, 그림과 식을 이어 보세요.

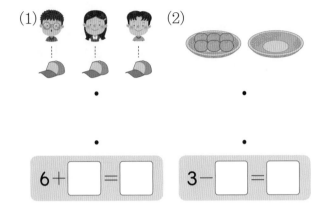

$$6 + \boxed{} = \boxed{}$$

$$3 - \boxed{} = \boxed{}$$

교과역량 콕!

5 수 카드를 골라 덧셈식과 뺄셈식을 써 보세요.

| 1 | 2 | 3 | 4 | 1 | 2 | 3 | 4 |

덧셈식 $\boxed{} + 0 = \boxed{}$

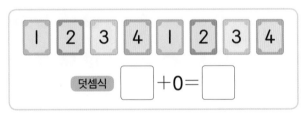

뺄셈식 $\boxed{} - 0 = \boxed{}$

개념책 081쪽 ● 정답 42쪽

1 합이 **8**이 되는 식을 찾아 ◯표 하세요.

1+7	5+2	4+4
5+0	3+5	6+2
3+4	7+2	0+8

2 덧셈과 뺄셈을 해 보세요.

(1) 3+2=☐

3+3=☐

3+4=☐

(2) 7−3=☐

7−4=☐

7−5=☐

3 합과 차가 같은 것끼리 이어 보세요.

(1) 7−3 ・　　・ 2+0

(2) 5−3 ・　　・ 3+6

(3) 9−0 ・　　・ 1+3

4 차가 **2**인 식을 찾아 색칠해 보세요.

5−3	6−4
2−0	3−0
4−1	9−7

5 ☐ 안에 ＋, −를 알맞게 써넣으세요.

(1) 6 ☐ 2=8

(2) 5 ☐ 1=4

(3) 9 ☐ 4=5

(4) 3 ☐ 4=7

6 세 수로 뺄셈식을 써 보세요.

2	6	8

☐ − ☐ = ☐

[1~6] 더 긴 것에 ◯표 하세요.

1 ( )
( )

2 ( )
( )

3 ( )
( )

4 ( )
( )

5 ( )
( )

6 ( )
( )

[7~12] 가장 긴 것에 ◯표, 가장 짧은 것에 △표 하세요.

7 ( )
( )
( )

8 ( )
( )
( )

9 ( )
( )
( )

10 ( )
( )
( )

11 ( )
( )
( )

12 ( )
( )
( )

개념책 092쪽 ● 정답 42쪽

[1~4] 더 무거운 것에 ◯표 하세요.

1

(   )   (   )

2

(   )   (   )

3

(   )   (   )

4

(   )   (   )

[5~10] 가장 무거운 것에 ◯표, 가장 가벼운 것에 △표 하세요.

5

(   ) (   ) (   )

6

(   ) (   ) (   )

7

(   ) (   ) (   )

8

(   ) (   ) (   )

9

(   ) (   ) (   )

10

(   ) (   ) (   )

[1~4] 더 넓은 것에 ◯표 하세요.

1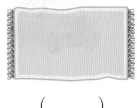

(   )   (   )

2

(   )   (   )

3

(   )   (   )

4

(   )   (   )

[5~10] 가장 넓은 것에 ◯표, 가장 좁은 것에 △표 하세요.

5

(   ) (   ) (   )

6

(   ) (   ) (   )

7

(   ) (   ) (   )

8

(   ) (   ) (   )

9

(   ) (   ) (   )

10

(   ) (   ) (   )

개념책 098쪽 ● 정답 43쪽

[1~2] 담을 수 있는 양이 더 많은 것에 ◯표 하세요.

1

(   )   (   )

2

(   )   (   )

[3~4] 담긴 물의 양이 더 적은 것에 △표 하세요.

3

(   )   (   )

4

(   )   (   )

[5~10] 담을 수 있는 양이 가장 많은 것에 ◯표, 가장 적은 것에 △표 하세요.

5

(   ) (   ) (   )

6

(   ) (   ) (   )

7

(   ) (   ) (   )

8

(   ) (   ) (   )

9

(   ) (   ) (   )

10

(   ) (   ) (   )

1 더 긴 것에 색칠해 보세요.

(1)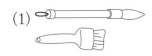

(2)

2 선을 따라 그리고, 비교하는 말을 찾아 이어 보세요.

(1) ┈┈┈┈┈┈ •   • 더 길다

(2) ┈┈┈┈┈┈ •   • 더 짧다

3 가장 긴 것에 ○표, 가장 짧은 것에 △표 하세요.

(   )

(   )

(   )

4 지우개보다 긴 것에 모두 ○표 하세요.

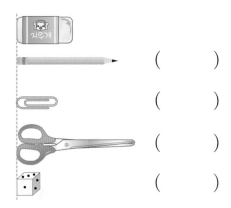

(   )

(   )

(   )

(   )

교과역량 쏙!

5 색 테이프를 잘라 더 길고 더 짧은 것을 만들었습니다. 색 테이프의 길이를 비교하여 알맞은 말에 ○표 하세요.

(1) ▢▢▢는 ▢▢보다 더

(깁니다 , 짧습니다).

(2) ▢▢는 ▢▢▢보다 더

(깁니다 , 짧습니다).

(3) ▢▢▢는 ▢보다 더

(깁니다 , 짧습니다).

1 더 가벼운 것을 찾아 ◯표 하세요.

(　　　)　　　(　　　)

2 어울리는 말을 찾아 이어 보세요.

(1)　더 가볍다　　(2)　더 무겁다

•　　　　　　　•

•　　　　　　　•

3 가장 가벼운 것을 찾아 ◯표 하세요.

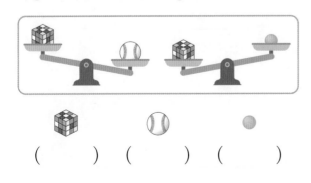

(　　　)　(　　　)　(　　　)

4 ◯에 들어갈 수 있는 쌓기나무를 모두 찾아 ◯표 하세요.

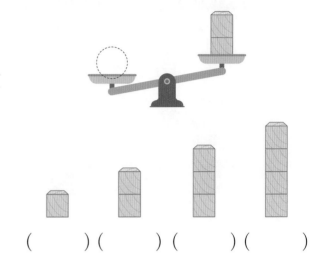

(　　　)(　　　)(　　　)(　　　)

교과역량 콕!

5 ☐ 안에 알맞은 물건을 넣어 이야기를 만들어 보세요.

(1)

☐은/는 책보다 더 가벼워.

(2)

☐은/는 책가방보다 더 무거워.

개념책 100쪽 • 정답 44쪽

1 관계있는 것끼리 이어 보세요.

(1) 더 좁다 (2) 더 넓다

•   •

•   •

2 가장 좁은 창문에 ◯표 하세요.

3 ☐ 안에 알맞은 장소를 넣어 보세요.

축구장   농구장   탁구장

☐ 은 ☐ 보다 더 넓습니다.

4 모두 앉을 수 있는 돗자리를 그려 보세요.

(1)

(2)

교과역량 콕!

5 I부터 6까지 순서대로 이어 보고, 더 넓은 쪽에 색칠해 보세요.

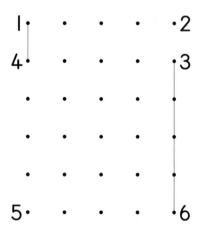

개념책 102쪽 ● 정답 44쪽

1 더 많이 담을 수 있는 것에 ◯표 하세요.

(   )   (   )

2 담긴 양이 가장 적은 것에 △표 하세요.

(   )   (   )   (   )

3 알맞은 컵을 찾아 이어 보세요.

(1) 담을 수 있는 양이 가장 많은 컵 ·

(2) 담을 수 있는 양이 가장 적은 컵 ·

·

·

4 여러 가지 그릇을 보고 ☐ 안에 알맞은 번호를 쓰세요.

①   ②   ③

(1) ②는 ☐ 보다 담을 수 있는 양이 더 많습니다.

(2) ②는 ☐ 보다 담을 수 있는 양이 더 적습니다.

교과역량 **콕!**

5 친구들이 먹을 카레로 알맞은 것을 찾아 하나씩 번호를 쓰세요.

①   ②   ③

미나 : 내가 가장 많이 담긴 것을 먹을래.   (   )

준호 : 나는 미나보다 적게 담긴 것을 먹을래.   (   )

도율 : 그럼 나는 준호보다 많이 담긴 것을 먹어야지.   (   )

[1~4] ☐ 안에 알맞은 수를 써넣으세요.

1
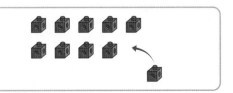

9보다 1만큼 더 큰 수는 ☐ 입니다.

2
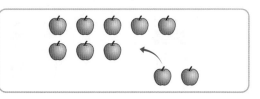

8보다 2만큼 더 큰 수는 ☐ 입니다.

3

10개씩 묶음 1개와 낱개 3개는 ☐ 입니다.

4

10개씩 묶음 ☐ 개와 낱개 ☐ 개는 ☐ 입니다.

[5~10] 수를 세어 ☐ 안에 알맞은 수를 써넣으세요.

5

☐

6

☐

7

☐

8

☐

9

☐

10

☐

[1~6] 모으기를 해 보세요.

1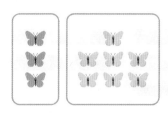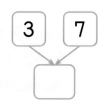

2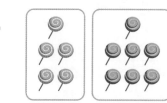

3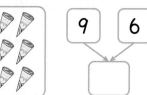

4

5

6

[7~12] 가르기를 해 보세요.

7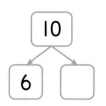

8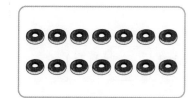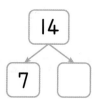

9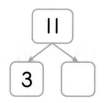

10

11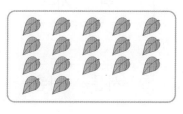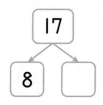

12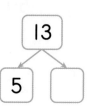

[1~4] 그림을 보고 ☐ 안에 알맞은 수를 써넣으세요.

1

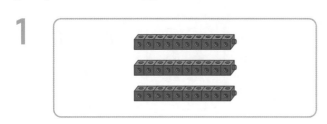

10이 3개인 수 ➜ ☐

2

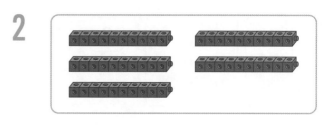

10이 5개인 수 ➜ ☐

3

10이 4개인 수 ➜ ☐

4

10이 2개인 수 ➜ ☐

[5~8] ☐ 안에 알맞은 수를 써넣으세요.

5 10이 5개이면 ☐입니다.

6 10이 3개이면 ☐입니다.

7 10이 2개이면 ☐입니다.

8 10이 ☐개이면 40입니다.

[9~14] 수를 바르게 읽은 것에 ◯표 하세요.

9 40 | 사십   삼십 |

10 20 | 이십   이영 |

11 50 | 오영   오십 |

12 30 | 쉰   서른 |

13 20 | 마흔   스물 |

14 40 | 서른   마흔 |

개념책 112쪽 ● 정답 45쪽

[1~4] ☐ 안에 알맞은 수를 써넣으세요.

1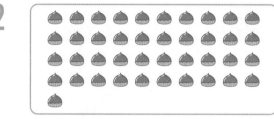

쓰기 _____

읽기 _____

2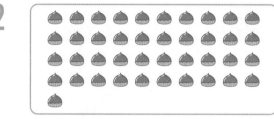

쓰기 _____

읽기 _____

3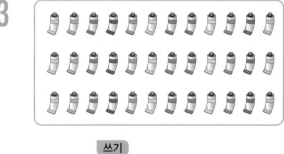

쓰기 _____

읽기 _____

4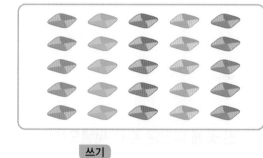

쓰기 _____

읽기 _____

[5~8] 빈칸에 알맞은 수를 써넣으세요.

5

37	10개씩 묶음	
	낱개	

6

28	10개씩 묶음	
	낱개	

7

35	10개씩 묶음	
	낱개	

8

46	10개씩 묶음	
	낱개	

개념책 124쪽 ● 정답 45쪽

[1~8] 주어진 두 수 사이의 수를 써넣으세요.

1　39 ◻ 41　　　　**2**　26 ◻ 28

3　12 ◻ 14　　　　**4**　48 ◻ 50

5　19 ◻ 21　　　　**6**　34 ◻ 36

7　16 ◻ 18　　　　**8**　42 ◻ 44

[9~16] 빈 곳에 알맞은 수를 써넣으세요.

9　13　15 / 12 ◯ ◯

10　◯ ◯ / 24　26　28

11　38 ◯ / 37 ◯ 41

12　◯ 48 / 45 47 ◯

13　20 ◯ / ◯ 19 17

14　39 ◯ / 40 ◯ 36

15　32 30 / ◯ 31 ◯

16　◯ ◯ / 45 43 41

개념책 126쪽 ● 정답 45쪽

[1~6] 더 큰 수에 ◯표 하세요.

1 | 17 | 23 |

2 | 48 | 50 |

3 | 35 | 27 |

4 | 34 | 31 |

5 | 25 | 20 |

6 | 42 | 49 |

[7~12] 더 작은 수에 △표 하세요.

7 | 24 | 40 |

8 | 38 | 19 |

9 | 47 | 30 |

10 | 48 | 46 |

11 | 15 | 17 |

12 | 22 | 27 |

[13~16] 가장 큰 수에 ◯표 하세요.

13 | 34 | 28 | 43 |

14 | 46 | 50 | 25 |

15 | 32 | 37 | 31 |

16 | 29 | 23 | 26 |

[17~20] 가장 작은 수에 △표 하세요.

17 | 40 | 18 | 36 |

18 | 32 | 45 | 29 |

19 | 49 | 21 | 28 |

20 | 39 | 36 | 35 |

1 사과의 수만큼 ○를 그리고, 수를 써넣으세요.

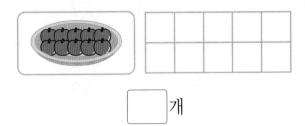

☐ 개

2 ☐ 안에 알맞은 수를 써넣으세요.

블루베리 ☐ 개가 잘 익었고 ☐ 개는 아직 안 익었습니다.

블루베리 ☐ 개가 모두 익었습니다.

3 두 상자 중 어떤 것을 사고 싶은지 골라 귤의 수를 쓰고, 알맞게 ○표 하세요.

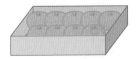 

나는 귤이 ☐ 개인 상자를 살래.

귤이 (더 큰 , 더 많은) 것이 좋아.

4 완두콩에 색칠하여 그림을 완성하고, 빈칸에 알맞은 수를 써넣으세요.

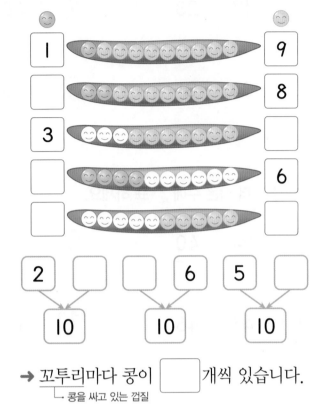

→ 꼬투리마다 콩이 ☐ 개씩 있습니다.
└ 콩을 싸고 있는 껍질

교과역량 **콕!**

5 그림을 색칠하여 완성하고, 빈칸에 알맞은 수를 써넣으세요.

(1)

(2)

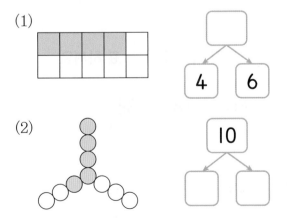

개념책 119쪽 ● 정답 46쪽

1 키위의 수만큼 ◯를 그리고, 수를 써넣으세요.

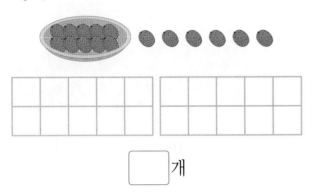

☐ 개

2 10개씩 묶고, ☐ 안에 알맞은 수를 써넣으세요.

10개씩 묶음 ☐ 개와 낱개 ☐ 개

→ ☐

3 구슬의 수를 쓰고, 알맞게 이어 보세요.

(1) ☐ ● 열일곱

(2) ☐ ● 십이

(3) ☐ ● 열넷

4 알맞은 수를 쓰고, 수의 크기를 비교해 보세요.

🍶 18개

🥛 ☐ 개

18은 ☐ 보다 (큽니다 , 작습니다).

교과역량 콕!

5 과일청의 수를 쓰고, 과일청을 1개씩 포장하기에 알맞은 상자를 이어 보세요.

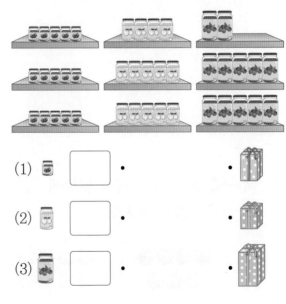

(1) ☐ ●

(2) ☐ ●

(3) ☐ ●

개념책 120쪽 ● 정답 46쪽

1 빈 곳에 알맞은 수만큼 ○를 그리고, 모으기를 해 보세요.

(1)

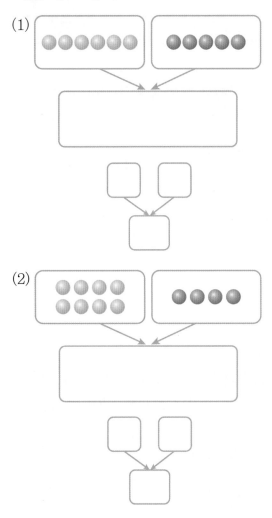

2 색 구슬 한 가지를 골라 팔찌에 ○를 그리고, 모으기를 해 보세요.

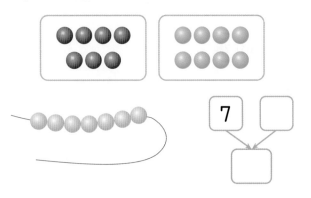

3 두 가지 방법으로 가르기를 해 보세요.

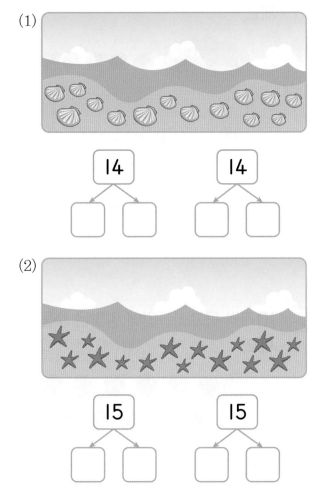

교과역량 쿡!

4 두 가지 방법으로 가르기를 해 보세요.

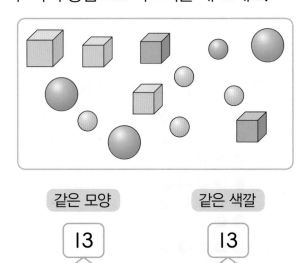

같은 모양   같은 색깔

13   13

1 구슬의 수만큼 ○를 그리고, 수를 써넣으세요.

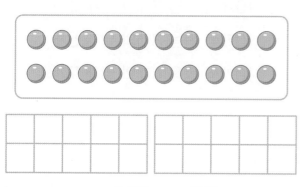

10개씩 묶음 ☐ 개는 ☐ 입니다.

2 연필과 클립의 수를 각각 쓰세요.

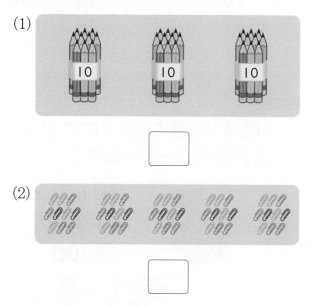

(1)

☐

(2)

☐

3 빈칸에 알맞은 수를 써넣으세요.

10개씩 묶음 4개	
10개씩 묶음 2개	
10개씩 묶음 3개	

4 수를 세어 쓰고, 읽어 보세요.

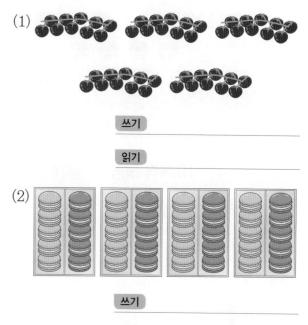

(1)

쓰기 _____

읽기 _____

(2)

쓰기 _____

읽기 _____

교과역량 쑥!

5 대화를 보고, 현우와 미나가 사용한 연결 모형의 개수를 써넣으세요.

나는 기린 두 마리를 만들래.

나는 기린 세 마리를 만들래.

현우 ←기린 미나

(1) 현우가 사용한 연결 모형: ☐ 개

(2) 미나가 사용한 연결 모형: ☐ 개

(3) 기린 **5**마리를 만드는 데 사용한 연결 모형: ☐ 개

1 그림을 보고 알맞은 수를 써넣으세요.

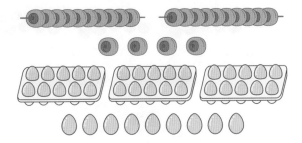

	10개씩 묶음	낱개	수
곶감	2		
달걀			

2 수를 세어 쓰고, 읽어 보세요.

(1)

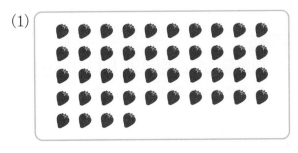

쓰기 _____

읽기 _____

(2)

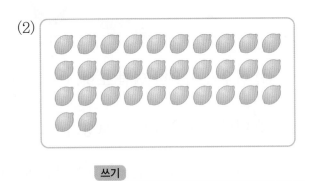

쓰기 _____

읽기 _____

3 빈칸에 알맞은 수를 써넣으세요.

10개씩 묶음 2개와 낱개 2개	
10개씩 묶음 3개와 낱개 5개	
10개씩 묶음 4개와 낱개 7개	

4 빈칸에 알맞은 수를 써넣으세요.

수	10개씩 묶음	낱개
16	1	
28		8

교과역량 콕!

5 그림과 비슷한 모양이 되도록 칸 수에 맞게 노란색으로 색칠해 보세요.

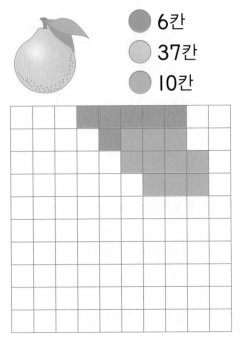

● 6칸
● 37칸
● 10칸

개념책 129쪽 ● 정답 48쪽

1 빈칸에 알맞은 수를 써넣으세요.

(1) 18 ☐ 20

(2) 23 ☐ 25

2 그림을 보고 물음에 답하세요.

26	31	36	41	
27	32	37	42	
28	33	38	43	
29	34	39	44	
30	35	40	45	

(1) 라온이의 보관함은 **47**번입니다. 라온이의 보관함을 찾아 수를 써넣으세요.

(2) 리아의 보관함을 찾아 ◯표 하세요.

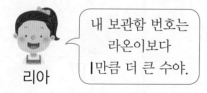

리아 내 보관함 번호는 라온이보다 **1**만큼 더 큰 수야.

3 빈칸에 알맞은 수를 써넣으세요.

26 ☐ ☐ 29 30

4 수를 순서대로 이어 그림을 완성해 보세요.

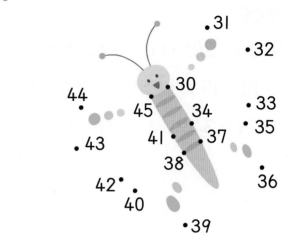

・31
・32
・30
44 ・33
45 34 ・35
43 41 37
38 36
42
40
・39

교과역량 콕!

5 **1**부터 수를 순서대로 쓰세요.

1	2		4	5		7
14		12	11	10	9	8
15	16		18	19	20	
28	27	26		24		22
29		31	32		34	35
	41	40		38	37	36
	44	45		47	48	

개념책 130쪽 ● 정답 48쪽

1 수의 크기를 비교하여 알맞은 말에 ◯표 하세요.

(1) 30은 20보다 (큽니다 , 작습니다).

(2) 13은 17보다 (큽니다 , 작습니다).

(3) 29는 34보다 (큽니다 , 작습니다).

4 가장 작은 수에 ◯표 하세요.

(1)
33	37	25
19	42	28

(2)
48	36	31
39	27	45

2 ☐ 안에 알맞은 수를 쓰고, 큰 수에 ◯표 하세요.

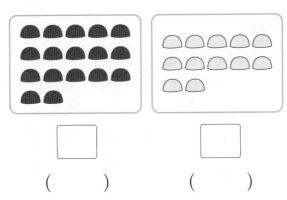

☐   ☐

(   )   (   )

5 수의 크기를 비교하여 더 큰 수를 따라 돌다리를 건너 보세요.

3 더 큰 수에 ◯표 하세요.

(1) | 40 | 30 |

(2) | 24 | 34 |

(3) | 36 | 32 |

(4) | 45 | 39 |

독해의 핵심은 비문학

지문 분석으로 독해를 깊이 있게!
비문학 독해 | 1~6단계

올바른 문학 독서법

문학 갈래별 작품 이해를 풍성하게!
문학 독해 | 1~6단계

결국은 어휘력

비문학 독해로 어휘 이해부터 어휘 확장까지!
어휘 X 독해 | 1~6단계

초등 문해력의 빠른시작 **빠작**

동아출판

큐브 개념

기본 강화책 | 초등 수학 1·1

엄마표 학습 큐브

큐챌린지란?

큐브로 6주간 매주 자녀와
학습한 내용을 기록하고,
같은 목표를 가진 엄마들과 소통하며
함께 성장할 수 있는
엄마표 학습단입니다.

큐챌린지 이런 점이 좋아요

계획적인 학습
동기부여
학습고민 나눔
학습 혜택

엄마표 학습, 큐브로 시작!

큐챌린지

수학은 **큐**

학습 태도 변화

습관 형성 · 성취감 · 자신감

학습단 참여 후 우리 아이는
"꾸준히 학습하는 습관이 잡혔어요."
"성취감이 높아졌어요."
"수학에 자신감이 생겼어요."

학습 지속률

10명 중 8.3명

학습 스케줄

매일 **4**쪽씩 학습!

주 5회 매일 4쪽	39%
주 5회 매일 2쪽	15%
1주에 한 단원 끝내기	17%
기타(개별 진도 등)	29%

6주 학습 완주자 → 완주 **83%**

만족 **98%** ← 학습단 참여 만족도

학습 참여자 2명 중 1명은

6주 간 **1**권 끝!

큐브 개념

초등 수학

1·1

모바일 쉽고 편리한 빠른 정답

정답 및 풀이

동아출판

정답 및 풀이

모바일 빠른 정답

QR코드를 찍으면 **정답 및 풀이**를 쉽고 빠르게
확인할 수 있습니다.

1 9까지의 수

1 2, 3, 4, 5

2 예 ○○○○○ / ○○○○○
○○○○○ ○○○○○

3 (1) 5에 ○표 (2) 2에 ○표

4 다섯 / 5

5 (1) (2) (3) (4) (5)

6 (1) 1 (2) 4

7 예 (1) ⚾⚾⚾⚾⚾⚾⚾ (2) 🏀🏀🏀🏀🏀

---

1 • 둘, 이 → 2
• 셋, 삼 → 3
• 넷, 사 → 4
• 다섯, 오 → 5

2 나비의 수를 세면서 수만큼 ○를 그립니다.

3 하나씩 짚어가며 세었을 때 마지막으로 센 수를 씁니다.
(1) 하나, 둘, 셋, 넷, 다섯 → 5
(2) 하나, 둘 → 2

4 • '하나, 둘, 셋, 넷, 다섯'으로 수를 셉니다.
• '일, 이, 삼, 사, 오'로 수를 셉니다.
→ 과자의 수: 5

5

숫자	1	2	3	4	5
읽기	하나, 일	둘, 이	셋, 삼	넷, 사	다섯, 오

6 (1) 파인애플의 수: 하나 → 1
(2) 사과의 수: 하나, 둘, 셋, 넷 → 4

7 (1) 2 → '하나, 둘'만큼 수를 세어 색칠합니다.
(2) 3 → '하나, 둘, 셋'만큼 수를 세어 색칠합니다.

1 6, 7, 8, 9

2 예 ○○○○○ / ○○○○○
○○○○○ ○○○○○

3 '아홉'에 ○표

4 7

5 (1) (2) (3)

6 (1) 7 (2) 8

7 (1) 예 | 6 | ♣ ♣ ♣ ♣ ♣ ♣ ♣ ♣ ♣ |
(2) | 9 | ♠ ♠ ♠ ♠ ♠ ♠ ♠ ♠ ♠ |

---

1 • 여섯, 육 → 6
• 일곱, 칠 → 7
• 여덟, 팔 → 8
• 아홉, 구 → 9

2 사탕의 수를 세면서 수만큼 ○를 그립니다.

3 귤의 수를 세어 봅니다.
→ 하나, 둘, 셋, 넷, 다섯, 여섯, 일곱, 여덟, 아홉

4 새우의 수: 하나, 둘, 셋, 넷, 다섯, 여섯, 일곱
→ 7

참고 7마리는 '일곱 마리'라고 읽습니다.

5 (1) 하나, 둘, 셋, 넷, 다섯, 여섯 → 6
(2) 하나, 둘, 셋, 넷, 다섯, 여섯, 일곱, 여덟 → 8
(3) 하나, 둘, 셋, 넷, 다섯, 여섯, 일곱 → 7

6 (1) 거미의 수: 하나, 둘, …, 여섯, 일곱 → 7
(2) 벌의 수: 하나, 둘, …, 여섯, 일곱, 여덟 → 8

7 (1) 6 → 하나, 둘, 셋, 넷, 다섯, 여섯만큼 수를 세어 색칠합니다.
(2) 9 → 하나, 둘, 셋, 넷, 다섯, 여섯, 일곱, 여덟, 아홉만큼 수를 세어 색칠합니다.

1 3, 5, 8

2 4, 5, 7, 9 / 4, 5, 7, 9

3 (1) (2) (3) (4)

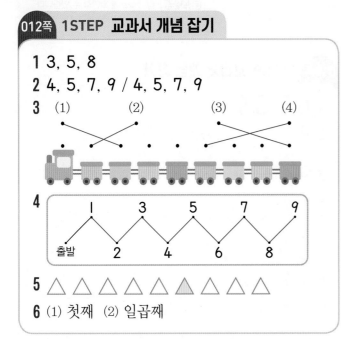

4

5 △△△△△△△△△

6 (1) 첫째 (2) 일곱째

1 '몇째'에서 '몇'을 읽고 알맞은 수를 씁니다.
· 셋째 → 3   · 다섯째 → 5   · 여덟째 → 8

2 왼쪽에서부터 수의 순서에 맞게 수를 써넣습니다.

3

1	2	3	4	5	6	7	8	9
첫째	둘째	셋째	넷째	다섯째	여섯째	일곱째	여덟째	아홉째
	(2)	(1)			(4)			(3)

4 1, 2, 3, 4, 5, 6, 7, 8, 9 순서대로 선을 이어 봅니다.

5 왼쪽에서부터 첫째, 둘째, 셋째, ...로 세면서 여섯째에 색칠합니다.

6 (1) 빨간색 책: 위에서부터 순서를 셉니다. → 첫째
(2) 노란색 책: 아래에서부터 순서를 셉니다.
   → 일곱째

01 (1) 3 (2) 5   **02** 둘

03 (예) (1) ◇◇◇◇◇
(2) ◇◇◇◇◇

04 넷, 사   **05** 현우

06

오	넷
4	5

07 (1) 6 (2) 8

08 (1) ⑥ 7 8 9
(2) 6 ⑦ 8 9
(3) 6 7 ⑧ 9

09 ( ) (○) ( )

10 6

11 (예) (1) ⬤ ○○○○○ / ○ → 6
(2) ○○○○○ / ○○○ → 8

12 '여섯'에 ○표   **13** 6

14 (예)

15 4, 7, 6

16 (위에서부터) 2, 5 / 7, 8

17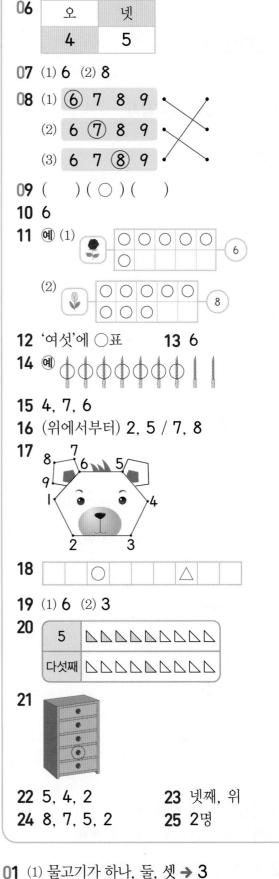

18 ○ △

19 (1) 6 (2) 3

20

5	△△△△△△△△△
다섯째	△△△△△△△△△

21

22 5, 4, 2   **23** 넷째, 위
24 8, 7, 5, 2   **25** 2명

01 (1) 물고기가 하나, 둘, 셋 → 3
(2) 고래가 하나, 둘, 셋, 넷, 다섯 → 5

02 2는 '이' 또는 '둘'이라고 읽습니다.

03 (1) '하나'로 수를 세며 색칠합니다.
　　(2) '하나, 둘, 셋'으로 수를 세며 색칠합니다.
　　참고 꼭 왼쪽부터 색칠하지 않아도 전체 색칠한 수가 맞
　　으면 정답입니다.

04 하나, 둘, 셋, 넷 또는 일, 이, 삼, 사로 셀 수 있
　　으므로 개구리의 수는 '넷' 또는 '사'로 읽을 수
　　있습니다.

05 나무는 **4**그루, 참새는 **3**마리이므로 그림에 알
　　맞게 이야기한 사람은 현우입니다.

06 병아리의 수는 **4**, 넷, 사로 나타낼 수 있습니다.

07 (1) 우산이 하나, 둘, 셋, 넷, 다섯, 여섯이므로
　　　6이라고 씁니다.
　　(2) 장화가 하나, 둘, 셋, 넷, 다섯, 여섯, 일곱,
　　　여덟이므로 **8**이라고 씁니다.

08 (1) 종이비행기의 수: **6** ➡ 여섯(육)
　　(2) 종이학의 수: **7** ➡ 일곱(칠)
　　(3) 종이배의 수: **8** ➡ 여덟(팔)

09 • 연필의 수: **6**
　　• 클립의 수: **9**
　　• 지우개의 수: **7**

10 전체 **9**개의 별 중에 **6**개에 색칠되어 있습니다.

11 (1) 장미꽃의 수: **6**
　　(2) 튤립의 수: **8**

12 여섯은 **6**(육)을 나타냅니다.

13 오리의 수는 **5**가 아닌 **6**입니다.

14 일곱 살이므로 **7**개의 초에 ○표 합니다.

15 각 그림의 수를 세어 씁니다.

16 • **1** 바로 다음 수: **2**　　• **4** 바로 다음 수: **5**
　　• **6** 바로 다음 수: **7**　　• **7** 바로 다음 수: **8**

17 **1**, **2**, **3**, **4**, **5**, **6**, **7**, **8**, **9** 순서대로 선을 이어
　　봅니다.

18 기준을 잘 확인하여 알맞은 모양을 그립니다.

주의 왼쪽에서 셋째 칸에 △표 하거나 오른쪽에서 셋째 칸
에 ○표 하지 않도록 주의합니다.

19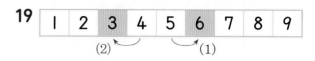

20 • **5**: △ 5개만큼 색칠합니다.
　　• 다섯째: 왼쪽에서 다섯째에 있는 △ 1개에만
　　색칠합니다.

21 기준을 잘 확인하여 아래에서 둘째 서랍에 ○표
　　합니다.

22 • 원숭이: 왼쪽에서 다섯째 ➡ **5**
　　• 사슴: 왼쪽에서 넷째 ➡ **4**
　　• 토끼: 왼쪽에서 둘째 ➡ **2**

23 ④의 순서는 기준에 따라 아래에서 넷째, 위에서
　　여섯째라고 말할 수 있습니다.

24 순서를 거꾸로 하면 **9**, **8**, **7**, **6**, **5**, **4**, **3**, **2**,
　　1입니다.

25 (앞) ○ ○ ● ☐ ○ ○ (뒤)
　　　셋째 ⌐→ 2명

018쪽 1STEP 교과서 개념 잡기

1 6, 8 / (1) 8, 8 (2) 6, 6
2 예

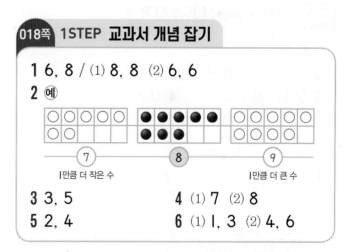

3 3, 5　　　　　**4** (1) 7 (2) 8
5 2, 4　　　　　**6** (1) 1, 3 (2) 4, 6

1 하트의 수를 세어 **7**보다 **1**만큼 더 큰 수와 **1**만
　　큼 더 작은 수를 알아봅니다.

2 • 바둑돌의 수보다 하나 더 적게 ○를 그리면
　　7개입니다. ➡ **8**보다 **1**만큼 더 작은 수: **7**
　　• 바둑돌의 수보다 하나 더 많게 ○를 그리면
　　9개입니다. ➡ **8**보다 **1**만큼 더 큰 수: **9**

3 ・햄버거의 수: **4**

・**4**보다 **1**만큼 더 작은 수: **4** 바로 앞의 수 ➜ **3**

・**4**보다 **1**만큼 더 큰 수: **4** 바로 뒤의 수 ➜ **5**

4 (1) **6**보다 **1**만큼 더 큰 수: **6** 바로 뒤의 수

➜ **7**

(2) **9**보다 **1**만큼 더 작은 수: **9** 바로 앞의 수

➜ **8**

5 오리의 수를 보고 **3**보다 **1**만큼 더 작은 수와 **1**만큼 더 큰 수를 씁니다.

6 (1) ・**2**보다 **1**만큼 더 작은 수: **2** 바로 앞의 수

➜ **1**

・**2**보다 **1**만큼 더 큰 수: **2** 바로 뒤의 수

➜ **3**

(2) ・**5**보다 **1**만큼 더 작은 수: **5** 바로 앞의 수

➜ **4**

・**5**보다 **1**만큼 더 큰 수: **5** 바로 뒤의 수

➜ **6**

---

3 접시에 담긴 음식이 아무것도 없으므로 **0**입니다.

4 **1**보다 **1**만큼 더 작은 수: **1** 바로 앞의 수 ➜ **0**

5 (1) 리본이 없습니다. ➜ **0**

(2) 리본이 **1**개 ➜ **1**

(3) 리본이 **2**개 ➜ **2**

(4) 리본이 **3**개 ➜ **3**

6 (1) ・화분에 꽃이 **4**송이 ➜ **4**

・화분에 꽃이 없습니다. ➜ **0**

・화분에 꽃이 **2**송이 ➜ **2**

(2) ・화분에 꽃이 **5**송이 ➜ **5**

・화분에 꽃이 **3**송이 ➜ **3**

・화분에 꽃이 없습니다. ➜ **0**

020쪽 **1STEP** **교과서 개념 잡기**

1 **0**, 영

2 (1) **1**, **0** (2) **0**, **1**, **2**, **3**

3 **0**에 ◯표   **4** **0**

5 (1)   (2)   (3)   (4)

6 (1) **4**, **0**, **2** (2) **5**, **3**, **0**

1 수판의 그림이 하나씩 줄어들어서 마지막에는 아무것도 없습니다.

➜ 아무것도 없는 것: **0**, 영

주의 **0**을 '공'으로 읽지 않도록 주의합니다.

2 (1) 연필의 수가 하나씩 줄어들고 있습니다.

➜ **3**, **2**, **1**, **0**

(2) 연필의 수가 하나씩 늘어나고 있습니다.

➜ **0**, **1**, **2**, **3**

022쪽 **1STEP** **교과서 개념 잡기**

1 (1) '큽니다'에 ◯표 (2) '작습니다'에 ◯표

2 (1) **3**, **8** (2) **8**, **3**

3 **7**에 ◯표

4 (1) **예**

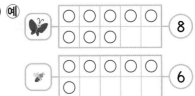

(2) '큽니다'에 ◯표

5 (1) **2**에 △표 (2) **8**에 △표 (3) **3**에 △표

1 (1) 야구공이 테니스공보다 많으므로 **9**는 **7**보다 큽니다.

(2) 테니스공보다 야구공이 적으므로 **7**은 **9**보다 작습니다.

2 수를 순서대로 썼을 때 앞의 수가 뒤의 수보다 작습니다.

3 과자가 우유보다 많습니다.

➜ **7**은 **5**보다 크므로 **7**에 ◯표 합니다.

4 (1) • 나비의 수는 **8**이므로 수판에 ○를 **8**개 그립니다.
　　• 벌의 수는 **6**이므로 수판에 ○를 **6**개 그립니다.
(2) 수판에 그린 동그라미의 수가 더 많은 것은 나비이므로 **8**은 **6**보다 큽니다.

5 수를 순서대로 썼을 때 앞의 수가 뒤의 수보다 작은 수입니다.
(1) **1** - △**2** - **3** - **4** - ⑤
(2) **1** - **2** - **3** - **4** - **5** - **6** - **7** - △**8** - ⑨
(3) **1** - **2** - △**3** - **4** - **5** - **6** - ⑦

024쪽 2STEP 수학익힘 문제 잡기

01 (○) (　) (　)
02 ☐☐☐☐☐☐☐☐☐ , **9**
03 (　) (○)　　**04** **8**
05 (1) **3** (2) **7**
06 예 ♥♥♥♥♥♥♡♡♡
07 (위에서부터) **2, 4 / 4, 6 / 7, 9**
08 **6, 8**
09 ④ ⑤ ⑥ **7** ⑧ ⑨
10 (1) **6** (2) **6**　　**11** **4**
12 **1**　　　　　　**13** **5**개
14 **0, 영**　　　　**15** **0**에 ○표
16 **5, 0, 1, 3**　　**17** **0**
18 예
　4 | ○○○○○
　8 | ○○○○○○○○
　'작습니다'에 ○표 / '큽니다'에 ○표
19 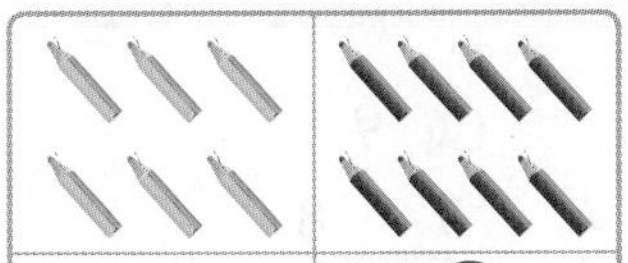
　　　6　　　　8
20 (1) ⑨ △**2**　(2) △**1** ③
21 규민

22
| 1 | 2 | 3 | 4 | 5 | 6 | 7 | 8 | 9 |

23 9 1 / 5 / 4 8　　　**24** **9**에 ○표
25 **3, 5 / 5, 3**　　**26** **8, 4**
27 **0, 1, 5, 6**

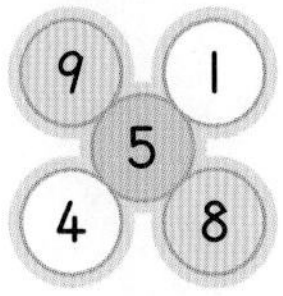

01 **3**보다 **1**만큼 더 작은 수: **3** 바로 앞의 수 ➜ **2**

02 **8**보다 **1**만큼 더 큰 수: **8** 바로 뒤의 수 ➜ **9**

03 왼쪽 그림의 수: **4** ➜ **4**보다 **1**만큼 더 큰 수는 **5**이므로 그림의 수가 **5**인 것에 ○표 합니다.

04 **9**보다 **1**만큼 더 작은 수: **9** 바로 앞의 수 ➜ **8**

05 (1) **2** 바로 뒤의 수 ➜ **3**
(2) **6** 바로 뒤의 수 ➜ **7**

06 **7**보다 **1**만큼 더 작은 수: **6**
하트 **6**개를 색칠합니다.
주의 **7**만 보고 **7**개를 색칠하지 않도록 주의합니다.

07 **1**만큼 더 작은 수는 가운데 수 바로 앞의 수, **1**만큼 더 큰 수는 가운데 수 바로 뒤의 수를 써넣습니다.

08 곰 인형의 수: **7**
➜ **7**보다 **1**만큼 더 작은 수: **6**
➜ **7**보다 **1**만큼 더 큰 수: **8**

09 • **8**보다 **1**만큼 더 작은 수: **7**에 빨간색
• **8**보다 **1**만큼 더 큰 수: **9**에 파란색

10 (1) **5**보다 **1**만큼 더 큰 수: **6**
(2) ☐보다 **1**만큼 더 작은 수가 **5**이므로 ☐는 **5**보다 **1**만큼 더 큰 수입니다. ➜ **6**

11 **3**보다 **1**만큼 더 큰 수는 **4**이므로 동생이 태어나면 우리 가족은 **4**명이 됩니다.

12 희주네 집: **2**층의 바로 아랫집
➜ **2**보다 **1**만큼 더 작은 수는 **1**이므로 희주네 집은 **1**층입니다.

13 어제 먹은 젤리는 4개보다 하나 더 많습니다. 4보다 1만큼 더 큰 수는 5이므로 어제 먹은 젤리는 5개입니다.

14 아무것도 없는 것: 0(영)

15 1보다 1만큼 더 작은 수는 아무것도 없는 수 0입니다.

16 펼친 손가락이 없는 것은 0을 씁니다.

17 그림 속 학생 3명 중에 모자를 쓴 사람은 아무도 없으므로 0명입니다.

18 · 4는 8보다 ○가 더 적습니다.
　→ 4는 8보다 작습니다.
· 8은 4보다 ○가 더 많습니다.
　→ 8은 4보다 큽니다.

19 초록색 색연필의 수: 6
빨간색 색연필의 수: 8
→ 8이 6보다 크므로 8에 ○표 합니다.

20 (1) 수를 순서대로 썼을 때 9는 2보다 뒤의 수입니다.
　→ 더 큰 수: 9(○), 더 작은 수: 2(△)
(2) 수를 순서대로 썼을 때 1은 3보다 앞의 수입니다.
　→ 더 큰 수: 3(○), 더 작은 수: 1(△)

21 7은 5보다 큽니다.
→ 더 큰 수를 말한 사람: 규민

22 6 앞의 수에 모두 색칠합니다.
주의 6에는 색칠하지 않도록 주의합니다.

23 5보다 큰 수를 모두 찾습니다. → 9, 8

24 버섯의 수를 비교하면 가장 큰 수는 9입니다.

25 삼각김밥의 수: 3
주먹밥의 수: 5
주먹밥이 더 많으므로 5는 3보다 큽니다.

26 수를 순서대로 쓰면 4, 7, 8이므로 가장 큰 수는 8, 가장 작은 수는 4입니다.

27 0부터 9까지의 수를 순서대로 쓰면 0, 1, 2, 3, 4, 5, 6, 7, 8, 9이므로 풍선에 적힌 수를 작은 수부터 차례로 쓰면 0, 1, 5, 6입니다.

028쪽 3STEP 서술형 문제 잡기

※서술형 문제의 예시 답안입니다.

1 이야기 당근, 4

2 이야기 상자에 복숭아가 8개 있습니다. ▶5점

3 1단계 5　　2단계 5, 4
답 4

4 1단계 우유병의 수는 6입니다. ▶2점
2단계 6보다 1만큼 더 큰 수는 7입니다. ▶3점
답 7

5 1단계 9　　2단계 준호
답 준호

6 1단계 2와 4 중에서 더 작은 수는 2입니다. ▶3점
2단계 따라서 연필을 더 적게 가지고 있는 사람은 승희입니다. ▶2점
답 승희

7 1단계 [2]에 ○표 / 2　　2단계 다섯째

8 예 1단계 [6]에 ○표 / 6　　2단계 셋째

8 채점 가이드 오른쪽에서부터 순서를 구해야 하는 것에 주의하며 고른 수에 맞게 순서를 썼는지 확인합니다.

030쪽 1단원 마무리

01 '넷'에 ○표　　**02** (1)
　　　　　　　　　　　　(2)
　　　　　　　　　　　　(3)

03 6에 ○표　　**04** 9

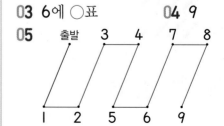

06 0, 2

07 (1) · (2) · (3) · (4) ·
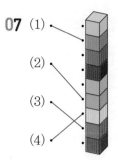

08 2, 0, 1

09 4

10

6	♡♡♡♡♡♡♡♡♡
여섯째	♡♡♡♡♡♡♡♡♡

11 9에 ○표, 7에 △표

12
8 9
6
2 4

13 '셋째'에 ○표

14 8

15 4개

16 (위에서부터) 3, 7, 9, 5

17 ( ) (○) ( ) ( )

18 4명

서술형 ※서술형 문제의 예시 답안입니다.

19 그림에 있는 것과 그에 알맞은 수를 사용하여 이야기 만들기 ▶ 5점

꽃 위에 나비 3마리가 있습니다.

20 ❶ 4와 7 중에서 더 큰 수 찾기 ▶ 3점
❷ 더 많이 있는 주스 쓰기 ▶ 2점

❶ 例 4와 7 중에서 더 큰 수는 7입니다.
❷ 따라서 더 많이 있는 주스는 포도주스입니다.
답 포도주스

01 도넛의 수를 세어 보면 하나, 둘, 셋, 넷입니다.

02 (1) 벌의 수: 하나, 둘 → 2
(2) 나비의 수: 하나, 둘, 셋 → 3
(3) 잠자리의 수: 하나, 둘, 셋, 넷 → 4

03 자전거의 수를 세어 보면 하나, 둘, 셋, 넷, 다섯, 여섯입니다.
→ 6에 ○표

04 비옷이 하나, 둘, 셋, 넷, 다섯, 여섯, 일곱, 여덟, 아홉입니다. → 9

05 1, 2, 3, 4, 5, 6, 7, 8, 9 순서대로 선을 이어 봅니다.

06 · 1보다 1만큼 더 작은 수: 아무것도 없는 것 → 0
· 1보다 1만큼 더 큰 수: 1 바로 뒤의 수 → 2

07 기준을 잘 확인하여 순서에 알맞은 쌓기나무를 선으로 이어 봅니다.

08 과자가 하나도 없는 것을 나타내는 수는 0입니다.

09 꽃의 수: 5
5보다 1만큼 더 작은 수: 4

10 · 6: 하트 6개만큼 색칠합니다.
· 여섯째: 왼쪽에서 여섯째에 있는 하트 1개에만 색칠합니다.

11 복숭아의 수: 8
→ 8보다 1만큼 더 큰 수: 9에 ○표
→ 8보다 1만큼 더 작은 수: 7에 △표

12 가운데 수는 6이므로 6보다 작은 수를 모두 찾습니다. → 2, 4

13 · 왼쪽에서 셋째: 여행(○)
· 왼쪽에서 다섯째: 식물

14 □는 9보다 1만큼 더 작은 수입니다.
→ 9 바로 앞의 수: 8

15 어제 먹은 귤은 5개보다 하나 더 적습니다.
5보다 1만큼 더 작은 수는 4이므로 어제 먹은 귤은 4개입니다.

16 /으로 하나씩 표시해 가며 각 악기의 수를 세어 봅니다.
· 트라이앵글의 수: 3 · 리코더의 수: 7
· 캐스터네츠의 수: 9 · 탬버린의 수: 5

17 네 악기의 수 3, 7, 9, 5 중에서 가장 큰 수는 9이므로 가장 많은 악기는 캐스터네츠입니다.

18 그림을 그려서 알아봅니다.
(앞) ○ ● ○○○○ (뒤)
둘째 → 4명

2 여러 가지 모양

036쪽 1STEP 교과서 개념 잡기

1 (1) (○) (　) (2) (　) (○)
　(3) (○) (　)
2 (1)　(2)　(3)　　**3** (　) (　) (○)

4 (△) (□) (○)
5 ㉠, ㉣　　　**6** 🔲에 ○표

1 (1) 휴지 상자: 🔲 모양(○), 페인트 통: 🛢 모양
　(2) 농구공: ⚪ 모양, 보온병: 🛢 모양(○)
　(3) 비치 볼: ⚪ 모양(○), 과자 상자: 🔲 모양

2 (1) 🔲 모양: 사과 상자, 체중계
　(2) ⚪ 모양: 볼링공, 풍선
　(3) 🛢 모양: 분유통, 통조림통

3 • 수박: ⚪ 모양　　• 세탁기: 🔲 모양
　• 음료수 캔: 🛢 모양

4 • 북: 🛢 모양　　• 주사위: 🔲 모양
　• 방울: ⚪ 모양

5 ⚪ 모양: ㉠ 실뭉치, ㉣ 골프공
　참고 • 🔲 모양: ㉢ 전자레인지 • 🛢 모양: ㉡ 케이크

6 필통, 상자, 수납장, 우유팩 → 🔲 모양

038쪽 1STEP 교과서 개념 잡기

1 (1) 뾰족, 평평 (2) 평평, 둥근 (3) 둥근
2 (　) (○) (　)
3 ㉡, ㉣
4 (　) (　) (　) (○)
5 (1)　(2)　(3)

1

모양	뾰족한 부분	평평한 부분	둥근 부분
🔲	○	○	×
🛢	×	○	○
⚪	×	×	○

2 평평한 부분과 둥근 부분 둘 다 있는 모양은 🛢 모양입니다.

3 ⚪ 모양은 모든 부분이 둥글어서 잘 쌓을 수 없습니다. → ㉡ 배구공, ㉣ 테니스공

4 설명에 알맞은 모양은 🛢 모양입니다.
　• 구급상자: 🔲 모양　• 지구본: ⚪ 모양
　• 서랍장: 🔲 모양　• 풀: 🛢 모양

5 (1) 주사위는 🔲 모양이므로 잘 쌓을 수 있지만 잘 굴릴 수는 없습니다.
　(2) 야구공은 ⚪ 모양이므로 잘 쌓을 수는 없지만 잘 굴릴 수 있습니다.
　(3) 물통은 🛢 모양이므로 잘 쌓을 수 있고 잘 굴릴 수도 있습니다.

040쪽 1STEP 교과서 개념 잡기

1 2, 2, 2
2 (1) 🔲, 🛢에 ○표　(2) 🛢, ⚪에 ○표
3 (1) ⚪에 ×표　　(2) 🛢에 ×표
4 (1) 4, 1, 1 (2) 5, 2, 1
5 (　) (○)

1 • 자동차 불빛: ⚪ 모양 **2**개
　• 자동차 몸통: 🔲 모양 **2**개
　• 자동차 바퀴: 🛢 모양 **2**개

2 (1) 🔲 모양 **3**개, 🛢 모양 **4**개를 사용했습니다.
　(2) 🛢 모양 **3**개, ⚪ 모양 **3**개를 사용했습니다.

3 (1) 🔲 모양 **3**개와 🛢 모양 **4**개를 사용했습니다.
　→ 사용하지 않은 모양: ⚪ 모양

(2) ⬜ 모양 **3**개와 ⬤ 모양 **4**개를 사용했습니다.

→ 사용하지 않은 모양: 🛢 모양

4 (1) • ⬜ 모양: 양옆에 **4**개

• 🛢 모양: 가운데에 **1**개

• ⬤ 모양: 위쪽에 **1**개

(2) • ⬜ 모양: 비행기의 날개와 꼬리에 **5**개

• 🛢 모양: 비행기의 몸통에 **2**개

• ⬤ 모양: 비행기 몸통의 위쪽에 **1**개

5 ⬜ 모양과 ⬤ 모양으로 만든 것에 ○표 합니다.
🛢 모양은 〈 보기〉에 없습니다.

042쪽 **2STEP 수학익힘 문제 잡기**

01 ㉢, ㉣, ㉤ **02** ㉡, ㉮

03 ㉠ **04** 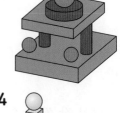 에 ○표

05 ( )(○) **06** (1) ✕ 교차 (2) (3)

07 ( )(✕)( )( )

08 ( )( )(✕)

09
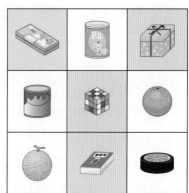

10 연서

11 ( )(○)( )

12 (1) (2) (3) 교차 연결

13 ( )( )(○)

14 ㉡, ㉢ **15** ㉡

16 ㉠ **17** ㉠, ㉡

18 ㉠, ㉢, ㉣ **19** '둥근'에 ○표

20 5개

21

22 1, 5, 1

23 (1) ✕ (2) 교차

24

25 ( )(○)( )

01 ⬜ 모양: ㉢ 지우개, ㉣ 동화책, ㉤ 주사위

02 🛢 모양: ㉡ 크레파스, ㉮ 북

03 ⬤ 모양: ㉠ 구슬

04 김밥은 🛢 모양입니다. → 🛢 모양: 물감 통

05 • 수박, 야구공, 축구공은 ⬤ 모양이고, 음료수 캔은 🛢 모양입니다.

• 서랍장, 휴지 상자, 큐브, 구급상자는 모두 ⬜ 모양입니다.

06 (1) 방울 → ⬤ 모양 → 야구공

(2) 통조림통 → 🛢 모양 → 음료수 캔

(3) 계산기 → ⬜ 모양 → 두유 팩

07 • 풀, 분유통, 음료수 캔: 🛢 모양

• 지구본: ⬤ 모양

08 생크림 팩: ⬜ 모양,
롤케이크와 두루마리 휴지: 🛢 모양

→ 찾을 수 없는 모양: ⬤ 모양

09 ⬜ 모양을 찾아 색칠합니다.

10 냉장고는 둥근 부분이 없으므로 둥근 기둥 모양보다 네모난 상자 모양이라고 부르는 것이 알맞습니다.

11 평평한 부분과 둥근 부분이 보이므로 🔵 모양입니다.

12 ⑴ 📦 모양: 상자, 서랍장

⑵ 🥫 모양: 의자

⑶ ⚪ 모양: 구슬, 풍선

13 📦 모양과 🥫 모양은 잘 쌓을 수 있지만 ⚪ 모양은 잘 쌓을 수 없습니다.

14 ⚪ 모양은 평평한 부분이 없어 잘 쌓을 수는 없지만 모든 부분이 둥글어서 잘 굴릴 수 있습니다.

15 평평한 부분과 둥근 부분이 있는 모양은 🥫 모양입니다.
→ ㉡ 물통

16 ⚪ 모양은 모든 부분이 둥글어서 잘 쌓을 수 없습니다.
→ ㉠ 실뭉치

17 둥근 부분이 있어 잘 굴러가는 모양은 🥫 모양과 ⚪ 모양입니다.
→ ㉠ 실뭉치, ㉡ 물통

18 ⚪ 모양을 찾습니다.
→ ㉠ 비치 볼, ㉢ 방울, ㉣ 골프공

19 📦 모양에는 없고 🥫 모양에만 있는 것은 둥근 부분입니다.

20 📦 모양 5개로만 만든 모양입니다.

21 그림에서 각 모양이 어떤 모양인지 보고 알맞은 색깔로 색칠합니다.

22 • 📦 모양: 아래쪽에 1개
• 🥫 모양: 가운데와 위쪽에 5개
• ⚪ 모양: 앞쪽에 1개

23 모양별 개수를 확인하여 주어진 모양을 모두 사용하여 만든 모양을 찾습니다.

24 놓인 모양이 서로 다른 부분을 모두 찾아 ○표 합니다.

25 📦 모양: 3개, 🥫 모양: 5개, ⚪ 모양: 2개
→ 가장 많이 사용한 모양은 🥫 모양입니다.

046쪽 3STEP 서술형 문제 잡기

※서술형 문제의 예시 답안입니다.

1 (이유) 뾰족한 부분이 없기

2 (이유) 배구공에는 평평한 부분이 없기 때문입니다. ▶5점

3 (1단계) 📦에 ○표
(2단계) 평평한 / 쌓을 수 있습니다

4 (1단계) 보이는 모양은 🥫 모양입니다. ▶1점
(2단계) • 평평한 부분과 둥근 부분이 있습니다.
• 잘 쌓을 수 있습니다. ▶4점

5 (1단계) 5, 4, 2   (2단계) 📦에 ○표
답 📦에 ○표

6 (1단계) 📦 모양은 7개, 🥫 모양은 5개, ⚪ 모양은 3개를 사용했습니다. ▶3점
(2단계) 따라서 가장 적게 사용한 모양은 ⚪ 모양입니다. ▶2점
답 ⚪에 ○표

7 (이야기) 굴러가지 않습니다

8 (이야기) 예 ⚪ 모양의 통은 평평한 부분이 없어서 잘 쌓을 수 없습니다.

---

1 다른 정답 예 둥근 부분이 있기 때문입니다.

2 다른 정답 예 둥근 부분만 있기 때문입니다.

3 다른 정답 예 • 뾰족한 부분이 있습니다.
• 잘 굴러가지 않습니다.

4 다른 정답 예 눕혀서 굴리면 잘 굴러갑니다.

8 채점 가이드 ⚪ 모양의 특징과 관계있는 일어날 수 있는 상황을 이야기했는지 확인합니다.

01 🎁에 ◯표

02 (◯) (　　) (　　)

03 (◯) (△) (□)

04 🔵에 ◯표

05 (1) ╳ (교차선)
(2)
(3)

06 (◯) (　　) (　　)

07 🔵에 ◯표

08 (　　) (　　) (✕) (　　)

09 ㉡, ㉥, ㉧

10 ㉢, ㉣, ㉤

11 ㉠, ㉪, ㉨

12 4개

13 🔵에 ◯표

14 1, 6, 5

15 혜성

16 ㉡

17 ㉡, ㉣, ㉫

18 ㉡

서술형 ※서술형 문제의 예시 답안입니다.

19
❶ 보이는 모양이 어떤 모양인지 찾기 ▶ 1점
❷ 보이는 모양의 특징을 2가지 쓰기 ▶ 4점

❶ 🔵에 ◯표
❷ • 둥근 부분만 있습니다.
　• 굴리면 잘 굴러갑니다.

20
❶ 사용한 모양의 수 각각 구하기 ▶ 3점
❷ 가장 많이 사용한 모양 찾기 ▶ 2점

❶ 📦 모양은 3개, 🥫 모양은 2개, 🔵 모양은 5개를 사용했습니다.
❷ 따라서 가장 많이 사용한 모양은 🔵 모양입니다.
답 🔵에 ◯표

---

01 • 실뭉치: 🔵 모양　• 통조림통: 🥫 모양
• 선물 상자: 📦 모양

02 • 보온병: 🥫 모양　• 농구공: 🔵 모양
• 주사위: 📦 모양

03 • 구슬: 🔵 모양　• 풀: 🥫 모양
• 전자레인지: 📦 모양

---

04 풍선, 골프공, 볼링공, 오렌지, 배구공은 모두 🔵 모양입니다.

05 (1) 둥근 부분만 있습니다. → 🔵 모양
(2) 평평한 부분과 둥근 부분이 있습니다.
→ 🥫 모양
(3) 평평한 부분과 뾰족한 부분이 있습니다.
→ 📦 모양

06 〈보기〉의 모양은 평평한 부분과 뾰족한 부분이 있으므로 📦 모양입니다.
→ 📦 모양의 물건은 과자 상자입니다.
참고 • 음료수 캔: 🥫 모양　• 축구공: 🔵 모양

07 🔵 모양은 모든 부분이 둥글게 생겼습니다.

08 • 토스터, 주스 팩, 막대자석: 📦 모양
• 선물 상자: 🥫 모양

09 📦 모양: ㉡ 나무 도막, ㉥ 가방, ㉧ 필통

10 🥫 모양: ㉢ 단소, ㉣ 건전지, ㉤ 물통

11 🔵 모양: ㉠ 사탕, ㉪ 볼링공, ㉨ 농구공

12 📦 모양은 날개와 꼬리 부분에 4개 사용했습니다.

13 📦 모양과 🥫 모양을 사용했습니다.

14 • 📦 모양: 맨 아래쪽에 1개
• 🥫 모양: 📦 모양의 위쪽에 6개
• 🔵 모양: 🥫 모양의 끝쪽과 위쪽에 5개

15 혜성: 🔵 모양은 모든 면이 둥글기 때문에 잘 쌓을 수 없습니다.

16 잘 굴러가면서 잘 쌓을 수도 있는 모양은 🥫 모양입니다.

17 📦 모양의 물건을 찾습니다.
→ ㉡ 필통, ㉣ 구급상자, ㉫ 사전

18 📦 모양 2개, 🥫 모양 2개, 🔵 모양 2개를 사용하여 만든 모양을 찾으면 ㉡입니다.
참고 ㉠ 📦 모양 2개, 🔵 모양 2개
㉢ 📦 모양 1개, 🥫 모양 2개, 🔵 모양 2개

개념책

2단원

3 덧셈과 뺄셈

1 6 / 6   **2** 3 / 3
3 (1) ○○○○ (2) ○○
4 (1) 4, 7 (2) 4, 4   **5** 7
6 5

1 우산 3개와 3개를 모으기하면 6개가 됩니다.
→ 3과 3을 모으기하면 6입니다.

2 농구공 4개는 1개와 3개로 가르기할 수 있습니다.
→ 4는 1과 3으로 가르기할 수 있습니다.

3 (1) 2와 2를 모으기하면 4입니다.
(2) 6은 4와 2로 가르기할 수 있습니다.

4 (1) 보라색 지우개 3개와 주황색 지우개 4개를
모으기하면 7개가 됩니다.
→ 3과 4를 모으기하면 7입니다.
(2) 인형 8개는 강아지 인형 4개와 코알라 인형
4개로 가르기할 수 있습니다.
→ 8은 4와 4로 가르기할 수 있습니다.

5 귤 5개와 2개를 모으기하면 7개이므로 5와 2
를 모으기하면 7입니다.

6 꽃 9송이는 노란색 꽃 4송이와 빨간색 꽃 5송
이로 가르기할 수 있으므로 9는 4와 5로 가르
기할 수 있습니다.

1 4   **2** (1) 5 (2) 2
3 (위에서부터) 4 / 3, 3 / 4, 2 / 5, 1
4 (1) 4 (2) 2   **5** (1) 3 (2) 9 (3) 8
6 (1) 3 (2) 3 (3) 6

1 7은 3과 4로 가르기할 수 있습니다.

2 (1) 4와 1을 모으기하면 5입니다.
(2) 6은 4와 2로 가르기할 수 있습니다.

3 6은 빨간색 구슬의 수와 파란색 구슬의 수로 가
르기할 수 있습니다.

4 (1) 3과 1을 모으기하면 4입니다.
(2) 7은 5와 2로 가르기할 수 있습니다.

5 (1) 1과 2를 모으기하면 3입니다.
(2) 5와 4를 모으기하면 9입니다.
(3) 3과 5를 모으기하면 8입니다.

6 (1) 5는 2와 3으로 가르기할 수 있습니다.
(2) 7은 4와 3으로 가르기할 수 있습니다.
(3) 9는 3과 6으로 가르기할 수 있습니다.

1 7 / 1   **2** '많습니다'에 ○표
3 (○) ( )
4 (1) 2, 6 (2) 3, 5

1 • 3과 4를 모으기하면 7입니다.
• 4는 3과 1로 가르기할 수 있습니다.
3은 4보다 1만큼 더 작은 수입니다.

2 • 파란색 버스: 5대   • 초록색 버스: 3대
5는 3과 2로 가르기할 수 있습니다.
5는 3보다 2만큼 더 큰 수입니다.

3 날아가고 있는 새는 나무에 앉아 있는 새보다 1마
리 더 많습니다.

4 (1) 4와 2를 모으기하면 6입니다.
(2) 8은 3과 5로 가르기할 수 있습니다.

01 3, 6
02 4, 2, 6
03 2, 6
04 9, 4, 5
05 (1) 2, 3, 5 (2) 3, 6, 9
06 (1) 6, 5 (2) 8, 3 07 2, 2
08 (1) 4, 2 (2) 3, 3
09 ③ ▨▨▨▨▨▨▨ ④
예 ⑥ ▨▨▨▨▨▨▨ ①
10
11 4, 4, 8
12 9, 5, 4
13 5, 3, 8 / 8, 5, 3
14 ( ) (×)
15 (1) | (2) 7
16 3 / 예 8, | / 예 4, 5
17 (1)•——•
 (2)•╲╱•
 (3)•╱╲•
18
6	8	5
		4	2
3	9	7

19 '7과 |', '2와 6', '3과 5'에 색칠
20 3, |
21 많습니다
22 모으면
23 남았습니다
24 3, 5, 8
25 2, 7 / 예 걷고 있는 친구는 자전거를 타고 있는 친구보다 5명 더 많습니다.

01 3과 3을 모으기하면 6입니다.

02 4와 2를 모으기하면 6입니다.

03 8은 2와 6으로 가르기할 수 있습니다.

04 9는 4와 5로 가르기할 수 있습니다.

05 (1) 2와 3을 모으기하면 5입니다.
 (2) 3과 6을 모으기하면 9입니다.

06 (1) 6은 |과 5로 가르기할 수 있습니다.
 (2) 8은 3과 5로 가르기할 수 있습니다.

07 4는 |과 3, 2와 2, 3과 |로 가르기할 수 있습니다. 이중 두 수가 같은 경우는 2와 2로 가르기한 경우입니다.

08 (1) 사탕의 모양에 따라 6은 4와 2로 가르기할 수 있습니다.
 (2) 사탕의 색깔에 따라 6은 3과 3으로 가르기할 수 있습니다.

09 7은 |과 6, 2와 5, 3과 4, 4와 3, 5와 2, 6과 |로 가르기할 수 있습니다.

10 |과 3을 모으기하면 4입니다.
 2와 2를 모으기하면 4입니다.

11 4와 4를 모으기하면 8입니다.

12 9는 5와 4로 가르기할 수 있습니다.

13 •5와 3을 모으기하면 8입니다.
 •8은 5와 3으로 가르기할 수 있습니다.

14 •|과 8을 모으기하면 9입니다.
 •6과 2를 모으기하면 8입니다. (×)

15 (1) 4와 모으기하여 5가 되는 수는 |입니다.
 (2) 2와 모으기하여 9가 되는 수는 7입니다.

16 9는 |과 8, 2와 7, 3과 6, 4와 5, 5와 4, 6과 3, 7과 2, 8과 |로 가르기할 수 있습니다.

17 (1) 2와 4를 모으기하면 6입니다.
 (2) |과 5를 모으기하면 6입니다.
 (3) 3과 3을 모으기하면 6입니다.

18 •5와 2를 모으기하면 7입니다.
 •4와 3을 모으기하면 7입니다.

19 8은 |과 7, <u>2와 6</u>, <u>3과 5</u>, 4와 4, 5와 3, 6과 2, <u>7과 |</u>로 가르기할 수 있습니다.

20 모으기하여 4가 되는 두 수는 |과 3, 2와 2, 3과 |입니다.
 주경이가 가진 수가 더 크므로 주경이가 가진 수는 3, 현우가 가진 수는 |입니다.

21 참고 그림을 보고 만들 수 있는 다른 이야기
 안경을 쓴 친구 3명과 쓰지 않은 친구 4명을 모으면 모두 7명입니다.

개념책

3 단원

22 참고 그림을 보고 만들 수 있는 다른 이야기
물 밖에 있는 하마가 물 속에 있는 하마보다 3마리 더 많습니다.

23 참고 그림을 보고 만들 수 있는 다른 이야기
피어 있는 꽃이 시든 꽃보다 1송이 더 많습니다.

24 참고 그림을 보고 만들 수 있는 다른 이야기
오른쪽 나뭇가지에 있는 새가 왼쪽 나뭇가지에 있는 새보다 2마리 더 많습니다.

25 친구들이 몇 명 더 많은지, 몇 명 더 적은지, 모두 몇 명인지 등의 내용으로 이야기를 만들 수 있습니다.

064쪽 1STEP 교과서 개념 잡기

1 5 / 5, 5   **2** 7
3 (   ) (○)
4 (1)   (2)   (3)
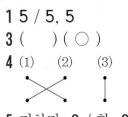
5 더하기, 8 / 합, 8

1 먹이를 먹는 닭 2마리와 놀고 있는 닭 3마리가 있으므로 닭은 모두 5마리입니다.

2 햄버거가 4개 있었는데 3개가 더 늘어나서 7개가 되었습니다.

3 축구공 4개와 농구공 4개가 있으므로 공은 모두 8개입니다.
→ 4+4=8

4 (1) 울타리 안에 젖소 4마리가 있었는데 1마리가 더 들어와서 5마리가 되었습니다.
→ 4+1=5
(2) 누런 강아지가 3마리, 흰 강아지가 3마리이므로 강아지는 모두 6마리입니다.
→ 3+3=6
(3) 구슬이 줄에 꿰어 있는 것 5개, 낱개로 4개이므로 모두 9개입니다.
→ 5+4=9

5 연못 안에 개구리 5마리가 있었는데 3마리가 더 들어와서 8마리가 되었습니다.
→ 5+3=8

066쪽 1STEP 교과서 개념 잡기

1 (방법 순서대로) 4 / 4 /
예 ○○○○ / 4, 4

2 (1) 9 / 5, 9 (2) 7 / 2, 7
3 예 ○○○○○ ○○○ / 3, 8
4 (1)•   •
   (2)•   •

1 방법1 2와 2를 모으기하면 4입니다.
방법2 연결 모형 2개와 2개를 모으기하면 4개가 됩니다.
방법3 ○ 2개를 그리고, 이어서 2개를 더 그리면 모두 4개입니다.
방법4 오리는 모두 4마리입니다. → 2+2=4

2 (1) 귤 4개와 5개를 모으기하면 9개입니다.
→ 4+5=9
(2) 나무 위에 있는 원숭이 5마리와 나무 아래에 있는 원숭이 2마리를 모으기하면 7마리입니다. → 5+2=7

3 수판에 ○ 5개를 그리고, 이어서 3개를 더 그리면 모두 8개이므로 5+3=8입니다.

4 (1) 토마토 4개가 있었는데 2개가 더 늘어나면 6개가 됩니다.
→ 4와 2를 모으기하면 6입니다.
(2) 오이가 4개, 당근이 3개 있으므로 채소는 모두 7개입니다.
→ 4와 3을 모으기하면 7입니다.

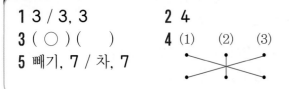
1 3 / 3, 3   **2** 4

3 (○) ( )   **4** (1) (2) (3)

5 빼기, 7 / 차, 7

1 벌 6마리와 꽃 3송이를 하나씩 짝 지으면 벌 3마리는 짝이 없으므로 꽃의 수보다 벌의 수가 3만큼 더 많습니다.

2 바나나 7개 중에서 3개를 먹어서 남은 바나나는 4개입니다.

3 검은색 바둑돌 6개와 흰색 바둑돌 2개를 하나씩 짝 지으면 검은색 바둑돌 4개는 짝이 없으므로 검은색 바둑돌이 4개 더 많습니다.
➡ 6−2=4

4 (1) 펭귄 4마리가 모여 있었는데 1마리가 가서 3마리가 남았습니다. ➡ 4−1=3
(2) 숟가락 8개와 포크 4개를 하나씩 짝 지으면 숟가락 4개는 짝이 없으므로 숟가락이 4개 더 많습니다. ➡ 8−4=4
(3) 비행기 5대가 서 있었는데 2대가 날아가서 3대가 남았습니다. ➡ 5−2=3

5 나뭇가지에 나뭇잎이 9장 있었는데 2장이 떨어져서 7장만 남았습니다.
➡ 9−2=7

070쪽 1STEP 교과서 개념 잡기

1 5 / 예 ○○○○○, 5
⊘⊘⊘⊘

2 (1) 6 / 2, 6 (2) 5 / 1, 5

3 / 3, 4

4 (1) (2)

1 방법1 9는 4와 5로 가르기할 수 있습니다.
방법2 ○ 9개에서 4개를 지우면 5개가 남습니다.
➡ 9−4=5

2 (1) 병 8개는 빈 병 2개와 남은 병 6개로 가르기할 수 있습니다.
➡ 8−2=6
(2) 달걀 6개는 깨진 달걀 1개와 남은 달걀 5개로 가르기할 수 있습니다.
➡ 6−1=5

3 귤 7개와 딸기 3개를 하나씩 짝 지으면 귤 4개는 짝이 없으므로 귤이 4개 더 많습니다.
➡ 7−3=4

4 (1) 주스 5컵 중에서 3컵을 마시고 남은 주스는 2컵입니다.
➡ ○ 5개에서 3개를 지우면 2개가 남습니다.
➡ 5−3=2
(2) 풀은 지우개보다 1개 더 많습니다.
➡ 초록색 연결 모형 4개와 빨간색 연결 모형 3개를 하나씩 짝 지으면 초록색 연결 모형 1개는 짝이 없으므로 초록색 연결 모형이 1개 더 많습니다.
➡ 4−3=1

072쪽 2STEP 수학익힘 문제 잡기

01 (1) 5+2=7 (2) 2+3=5

02 ⓒ

03 4+3=7 /
예 4 더하기 3은 7과 같습니다.

04 예 ○○○○○ / 5, 1, 6

05 3, 8 / 5, 8

06 (1) 7 / 6, 1, 7 (2) 9 / 3, 6, 9

07 (1) 6 / 예

(2) 9 / 예

08 (1) 8 (2) 9   **09** 연서

개념책

3
단원

10 (1) • × •
    (2) • × •
    (3) •———•

11 5 / 3, 5 / 예 1, 4, 5

12 ㉢   **13** (○)
                         (   )

14 $9-5=4$ /
    예 9 빼기 5는 4와 같습니다.

15 1, 3 / 4, 1, 3

16 예   ○ ○ ⊘   / 1, 2

17 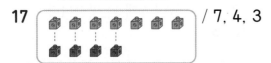 / 7, 4, 3

18 5, 4, 1

19 (1) 3 / 5, 2, 3   (2) 1 / 9, 8, 1

20 (1) 2   (2) 2   **21** 9, 7, 2

22 예 7, 2, 5 / 4, 3, 1

23 5 / 2, 5 / 예 8, 3, 5

24 3, 2, 1

---

01 ■ 더하기 ▲는 ●와 같습니다. ⎤
    ■와 ▲의 합은 ●입니다.   ⎦ ■+▲=●

02 주황색 공깃돌 2개와 파란색 공깃돌 4개가 있
    으므로 공깃돌은 모두 6개입니다.
    ➜ $2+4=6$

03 참고 '4와 3의 합은 7입니다.'라고 읽을 수도 있습니다.

04 수판에 그려진 ○는 6개입니다.
    ➜ $5+1=6$

05 • 펼친 손가락의 수는 모두 $5+3=8$(개)입니다.
    • 펼친 손가락의 수는 모두 $3+5=8$(개)입니다.

06 (1) 6과 1을 모으기하면 7입니다.
      ➜ $6+1=7$
    (2) 3과 6을 모으기하면 9입니다.
      ➜ $3+6=9$

07 (1) ○ 3개를 그리고, 이어서 3개를 더 그리면
      모두 6개입니다.
      ➜ $3+3=6$

(2) ○ 2개를 그리고, 이어서 7개를 더 그리면
    모두 9개입니다.
    ➜ $2+7=9$

08 (1) 6과 2를 모으기하면 8입니다.
      ➜ $6+2=8$
    (2) 5와 4를 모으기하면 9입니다.
      ➜ $5+4=9$

09 • 준호: $4+4=8$
    • 연서: $1+8=9$(○)

10 (1) $3+4=7$ ➜ $5+2=7$
    (2) $2+6=8$ ➜ $7+1=8$
    (3) $5+1=6$ ➜ $3+3=6$

11 합이 5인 덧셈식을 씁니다.
    $1+4=5$, $2+3=5$, $3+2=5$, $4+1=5$

12 $6-5=1$
    ➜ 6 빼기 5는 1과 같습니다.
    ➜ 6과 5의 차는 1입니다. (㉢)

13 거미 8마리 중에서 4마리를 빼면 남은 거미는
    4마리입니다.
    ➜ $8-4=4$

14 참고 '9와 5의 차는 4입니다.'라고 읽을 수도 있습니다.

15 닭 4마리는 갈색 닭 1마리와 흰 닭 3마리로 가
    르기할 수 있으므로 4는 1과 3으로 가르기할 수
    있습니다. ➜ $4-1=3$

16 사자 3마리가 있었는데 1마리가 떠나서 남은 사
    자는 2마리입니다. ➜ $3-1=2$

17 초록색 연결 모형 7개와 빨간색 연결 모형 4개
    를 하나씩 짝 지으면 초록색 연결 모형 3개는
    짝이 없으므로 초록색 연결 모형이 3개 더 많습
    니다.
    ➜ $7-4=3$

18 ○ 5개 중에서 4개를 지워서 1개가 남았습니다.
    ➜ $5-4=1$

19 (1) 5는 2와 3으로 가르기할 수 있습니다.
      ➜ $5-2=3$

(2) **9**는 **8**과 **1**로 가르기할 수 있습니다.

→ $9-8=1$

20 (1) **7**은 **5**와 **2**로 가르기할 수 있습니다.

→ $7-5=2$

(2) **4**는 **2**와 **2**로 가르기할 수 있습니다.

→ $4-2=2$

21 책상이 의자보다 얼마나 더 많은지 알아보기 위해 책상과 의자를 하나씩 짝 지어 보면 짝이 없는 책상이 **2**개입니다.

→ $9-7=2$

22 • 주스가 **7**병 세워져 있었는데 **2**병이 쓰러져서 세워져 있는 주스는 **5**병이 되었습니다.

→ $7-2=5$

• 오렌지주스가 **4**병, 자몽주스가 **3**병이므로 오렌지주스가 **1**병 더 많습니다.

→ $4-3=1$

23 차가 **5**인 뺄셈식을 씁니다.

$6-1=5$, $7-2=5$, $8-3=5$, $9-4=5$

24 알맞은 색깔을 찾아 각 공에 적힌 수에서 **4**를 뺀 수를 적습니다.

→ 빨간색 공: $7-4=3$

→ 파란색 공: $6-4=2$

→ 노란색 공: $5-4=1$

076쪽 **1STEP 교과서 개념 잡기**

1 (1) 0, 6 (2) 0, 0 　 **2** (1) 7 (2) 9
3 (1) 1 (2) 0
4 (왼쪽에서부터) 0 / 3, 0, 3
5 (1) 8 (2) 6 　　　 **6** (1) 2 (2) 0
7 (　) (○) (　)

1 (1) 아무것도 없는 것과 **6**송이를 더하면 모두 **6**송이입니다.

→ $0+6=6$

(2) 바나나가 **6**개 있었는데 **6**개를 모두 먹으면 남은 바나나는 없습니다.

→ $6-6=0$

---

2 (1) 연결 모형 **7**개와 아무것도 없는 것을 더하면 연결 모형은 그대로 **7**개입니다.

→ $7+0=7$

(2) 아무것도 없는 것과 연결 모형 **9**개를 더하면 연결 모형은 **9**개입니다.

→ $0+9=9$

3 (1) 배 **1**대에서 아무것도 빼지 않았으므로 남은 배는 그대로 **1**대입니다.

→ $1-0=1$

(2) 공깃돌 **5**개와 지우개 **5**개를 하나씩 짝 지으면 짝이 없는 것은 없습니다.

→ $5-5=0$

4 사과가 왼쪽 바구니에 **3**개, 오른쪽 바구니에 **0**개이므로 모두 **3**개입니다.

→ $3+0=3$

5 (1) **0**은 아무것도 없는 것이므로 $8+0=8$입니다.

(2) **0**은 아무것도 없는 것이므로 $0+6=6$입니다.

6 (1) **2**에서 아무것도 빼지 않았으므로 **2**입니다.

(2) **7**에서 **7**을 빼면 아무것도 없으므로 **0**입니다.

7 • $9-0=9$ 　 • $\underline{3-3=0}$ 　 • $5-0=5$

078쪽 **1STEP 교과서 개념 잡기**

1 (1) 8, 9 / 1, 1 (2) 1, 0 / 1, 1
　 (3) 9, 9 (4) 2, 2
2 4, 5, 6 　　　 **3** 3, 2, 1
4 (1) 7 / 3, 7 / 2, 7 (2) 4 / 2, 4 / 1, 4

1 (1) **4**에서 더하는 수가 **3**, **4**, **5**로 **1**씩 커지면 합도 **1**씩 커집니다.

(2) **2**에서 빼는 수가 **0**, **1**, **2**로 **1**씩 커지면 차는 **1**씩 작아집니다.

(3) 합이 모두 **9**로 같습니다.

(4) 차가 모두 **2**로 같습니다.

3. 덧셈과 뺄셈 **17**

2 우유 **3**컵이 있었는데 각각 **1**컵, **2**컵, **3**컵이 더 늘어나 **4**컵, **5**컵, **6**컵이 되었습니다.
→ 더하는 수가 **1, 2, 3**으로 **1**씩 커지면 합도 **4, 5, 6**으로 **1**씩 커집니다.

3 풍선 **5**개 중 각각 **2**개, **3**개, **4**개가 터지고 남은 풍선은 **3**개, **2**개, **1**개입니다.
→ 빼는 수가 **2, 3, 4**로 **1**씩 커지면 차는 **3, 2, 1**로 **1**씩 작아집니다.

4 (1) 합이 모두 **7**인 덧셈식입니다.
(2) 차가 모두 **4**인 뺄셈식입니다.

080쪽 **2STEP 수학익힘 문제 잡기**

01 (1) **6, 4, 9** (2) **7, 3, 1**
02 (1) **4, 2, 8** (2) **0, 0, 0**
03 (1)   (2)   **04** (1) **−** (2) **+**

05 **3−3=0 / 0개**   **06** **7 / 0**
07 **4−2, 5−3**에 색칠
08 ㉣   **09** **3**
10 (위에서부터) **6 / 5 / ⑩ 3, 4 / ⑩ 4, 3**
11 (위에서부터) **3 / 3, 3 / 4, 3 / 5, 3**
12 **3개**
13
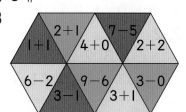

01 (1) 어떤 수에 **0**을 더하면 그대로 어떤 수입니다.
(2) **0**에 어떤 수를 더하면 어떤 수입니다.

02 (1) 어떤 수에서 **0**을 빼면 그대로 어떤 수입니다.
(2) 어떤 수에서 어떤 수를 빼면 **0**입니다.

03 (1) 바구니에 있는 사과 **4**개를 모두 봉지에 담았으므로 남은 사과는 **0**개입니다.
→ **4−4=0**
(2) 왼쪽 바구니에는 배가 **5**개, 오른쪽 바구니에는 배가 **0**개 있으므로 두 바구니에 있는 배는 모두 **5**개입니다.
→ **5+0=5**

04 (1) **7**에서 **7**을 빼야 **0**이 됩니다.
(2) **0**에 **9**를 더해야 **9**가 됩니다.

05 주어진 상황을 뺄셈식으로 나타내고 답을 구합니다.

06 • □에 **0**을 더하여 **7**이 되었으므로 □는 **7**입니다.
• **3**에서 □를 빼어 그대로 **3**이 되었으므로 □는 **0**입니다.

07 **4−2=2, 9−8=1, 8−5=3, 5−3=2** 이므로 차가 **2**인 식은 **4−2, 5−3**입니다.

08 ㉠ **3+1=4**
㉡ **2+2=4**
㉢ **9−5=4**
㉣ **7−5=2**
따라서 계산 결과가 다른 하나는 ㉣입니다.

09 **6+1=7, 5+2=7**이므로 합이 **7**인 덧셈식을 완성합니다. **4**와 **3**을 모으기하면 **7**이므로 □ 안에 알맞은 수는 **3**입니다.
[다른 풀이] **5+2**와 **4+□**에서 **5**가 **4**로 **1**만큼 작아졌으므로 □는 **2**보다 **1**만큼 더 큰 **3**이 되어야 합니다.

10 합이 **7**인 덧셈식은 **0+7, 1+6, 2+5, 3+4, 4+3, 5+2, 6+1, 7+0**이 있습니다.

11 **5−2=3**이므로 차가 **3**인 뺄셈식을 완성해야 합니다. 맨 앞의 수가 **5, 6, 7, 8**로 **1**씩 커질 때 빼는 수도 **2, 3, 4, 5**로 **1**씩 커져야 차가 **3**으로 같습니다.
→ **5−2=3, 6−3=3,**
7−4=3, 8−5=3

12 ・1+8=9 ・6+2=8 ・4+5=9
     ・5+2=7 ・7+1=8 ・2+6=8
    → 합이 8인 식: 6+2, 7+1, 2+6 → 3개

13 ・4+0=4 ・7−5=2 ・2+2=4
     ・3−1=2 ・9−6=3 ・3+1=4
     ・3−0=3

082쪽 3STEP 서술형 문제 잡기

※서술형 문제의 예시 답안입니다.

1 [1단계] 4, 1, 5   [2단계] 5
   [답] 5개

2 [1단계] (얼룩 고양이)+(검은 고양이)
      =2+7=9(마리) ▶4점
   [2단계] 따라서 고양이는 모두 9마리입니다.
                                    ▶1점
   [답] 9마리

3 [1단계] 7, 6, 6, 7   [2단계] ㉡, ㉢
   [답] ㉡, ㉢

4 [1단계] ㉠ 9−7=2   ㉡ 5−4=1
      ㉢ 4−1=3   ㉣ 2−0=2 ▶3점
   [2단계] 따라서 차가 2인 것은 ㉠, ㉣입니다.
                                    ▶2점
   [답] ㉠, ㉣

5 [이야기] 3, 모으면, 8

6 [이야기] 연못 안에 개구리 7마리가 있었는데
   3마리가 밖으로 나가서 4마리가 남았습니
   다. ▶5점

7 [1단계] 3, 5   [2단계] 8, 3, 5

8 [예] [1단계] 3, 3   [2단계] 6, 3, 3

8 [채점 가이드] 6−(먹는 개수)=(남는 개수)가 되도록 답을
   잘 썼는지 확인합니다.

084쪽 3단원 마무리

01 2, 5   **02** 2, 4
03 8, 6   **04** 4
05 2   **06** 5+4=9
07 9 / 1, 8, 9
08 [예] ⬜⬜⬜⬜⬜⬜⬜⬜⬜⬜ / 5, 8

09 [예] ○ ○ ○ ○ ○ ∅ / 1, 5

10 4, 7
11 2 / 9, 7, 2
12 (1)•   **13** 6, 5, 4
      (2)•
      (3)•
14 7, 8, 9 / 1, 1   **15** 3
16 (1+6) (5+4) (8+1) (2+5)
17 8−6=2 / 2개
18 +

서술형   ※서술형 문제의 예시 답안입니다.

19 ❶ 알맞은 덧셈식 쓰기 ▶4점
      ❷ 판다는 모두 몇 마리인지 쓰기 ▶1점

   ❶ (어른 판다)+(아기 판다)
      =2+1=3(마리)
   ❷ 따라서 판다는 모두 3마리입니다.
   [답] 3마리

20 ❶ ㉠, ㉡, ㉢, ㉣ 계산하기 ▶3점
      ❷ 차가 3인 것을 찾아 기호 쓰기 ▶2점

   ❶ ㉠ 5−2=3   ㉡ 7−6=1
      ㉢ 8−5=3   ㉣ 9−4=5
   ❷ 따라서 차가 3인 것은 ㉠, ㉢입니다.
   [답] ㉠, ㉢

---

01 농구공 3개와 2개를 모으기하면 5개입니다.
   → 3과 2를 모으기하면 5입니다.

02 병아리 6마리는 2마리와 4마리로 가르기할 수
   있습니다.
   → 6은 2와 4로 가르기할 수 있습니다.

03 • 4와 4를 모으기하면 8입니다.
　　• 9는 3과 6으로 가르기할 수 있습니다.

04 빨간색 자동차가 3대, 파란색 자동차가 1대이므
　　로 자동차는 모두 4대입니다.
　　➜ 3+1=4

05 곰 인형 7개 중 5개를 빼면 남은 곰 인형은 2개
　　입니다.
　　➜ 7−5=2

06 '합'은 '+'로, '입니다'는 '='로 나타냅니다.

07 왼쪽 점이 1개, 오른쪽 점이 8개입니다.
　　➜ 1과 8을 모으기하면 9입니다. ➜ 1+8=9

08 ○ 3개를 그리고, 이어서 5개를 더 그리면 모두
　　8개입니다. ➜ 3+5=8

09 풍선이 6개 있었는데 1개는 바람이 빠지고 5개
　　가 남았습니다.
　　➜ 6−1=5

10 다람쥐 3마리와 4마리가 있으므로 모두 7마리
　　입니다.

11 9는 7과 2로 가르기할 수 있습니다.
　　➜ 9−7=2

12 (1) 0+8=8 ➜ 8−0=8
　　(2) 9−9=0 ➜ 2−2=0
　　(3) 6+0=6 ➜ 3+3=6

13 빼는 수가 2, 3, 4로 1씩 커지면 차는 6, 5, 4
　　로 1씩 작아집니다.

14 더하는 수가 2, 3, 4로 1씩 커지면 합도 7, 8,
　　9로 1씩 커집니다.

15 7−1=6이므로 차가 6인 뺄셈식을 완성합니다.
　　9는 6과 3으로 가르기할 수 있으므로
　　9− 3 =6입니다.

16 • 1+6=7(빨간색)　• 5+4=9(파란색)
　　• 8+1=9(파란색)　• 2+5=7(빨간색)

17 (사탕 수)−(초콜릿 수)=8−6=2(개)

18 4+2=6이므로 +를 써넣습니다.

---

4 비교하기

1 우산, 지팡이 / 지팡이, 우산
2 (1) (△)　(2) (　　)
　　　(　)　　　(△)
3 (1) (　　) (○)　(2) (○) (　　)
4 물감　　　　　　　**5** (○)
　　　　　　　　　　　　　(　　)
　　　　　　　　　　　　　(△)
6 (1) '짧습니다'에 ○표
　　(2) '깁니다'에 ○표

1 우산은 지팡이보다 더 짧습니다.
　　지팡이는 우산보다 더 깁니다.

2 (1) 클립은 못보다 더 짧습니다.
　　(2) 당근은 오이보다 더 짧습니다.

3 아래쪽 끝이 맞추어져 있으므로 위쪽 끝을 비교
　　합니다.

4 오른쪽 끝이 맞추어져 있으므로 왼쪽 끝을 비교
　　하면 물감이 더 짧습니다.

5 • 가장 긴 것: 야구 방망이
　　• 가장 짧은 것: 단소

6 한쪽 끝이 맞추어져 있으므로 다른 쪽 끝을 비교
　　합니다.

1 볼링공, 탁구공 / 탁구공, 볼링공
2 (1) (　　) (△)　(2) (　　) (△)
3 (1) (○) (　　)　(2) (　　) (○)
4 (△) (　　) (　　)
5 (△) (○) (　　)
6 (1) '무겁습니다'에 ○표
　　(2) '가볍습니다'에 ○표

1 손으로 들었을 때 볼링공이 탁구공보다 더 무겁습니다.
손으로 들었을 때 탁구공이 볼링공보다 더 가볍습니다.

2 ⑴ 소고는 북보다 더 가볍습니다.
⑵ 자전거는 자동차보다 더 가볍습니다.

3 ⑴ 토마토는 방울토마토보다 더 무겁습니다.
⑵ 장난감 비행기는 종이비행기보다 더 무겁습니다.

4 가장 가벼운 것: 탬버린

5 • 가장 무거운 것: 소
• 가장 가벼운 것: 다람쥐

6 손으로 들었을 때 힘이 더 드는 쪽이 더 무겁습니다.

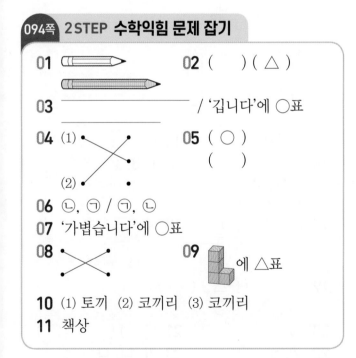

01 ✏️

02 (　) (△)

03 ———————— / '깁니다'에 ○표

04 ⑴ •   •
⑵ •   •

05 (○)
(　)

06 ㉡, ㉠ / ㉠, ㉡

07 '가볍습니다'에 ○표

08 •   •

09 에 △표

10 ⑴ 토끼 ⑵ 코끼리 ⑶ 코끼리

11 책상

01 왼쪽 끝이 맞추어져 있으므로 오른쪽 끝을 비교하면 아래쪽 연필이 더 깁니다.

02 위쪽 끝이 맞추어져 있으므로 아래쪽 끝을 비교하면 오른쪽 양말이 더 짧습니다.

---

03 한쪽 끝이 맞추어져 있으므로 다른 쪽 끝이 더 많이 나간 것이 더 깁니다.

04 왼쪽 끝이 맞추어져 있으므로 오른쪽 끝을 비교하면 고추가 가장 짧고 파가 가장 깁니다.

05 한쪽 끝을 맞추었을 때 다른 쪽 끝이 더 많이 나간 것이 더 깁니다. 따라서 칫솔보다 더 긴 것은 색연필입니다.
주의 풀은 칫솔보다 오른쪽 끝이 더 많이 나와 있지만 왼쪽 끝에 맞추어져 있지 않으므로 칫솔보다 긴 것이 아닙니다.

06 왼쪽 끝을 맞추었을 때 어느 것이 오른쪽으로 더 많이 나올지 생각해 봅니다.
참고 ㉡이 ㉠보다 양쪽으로 더 많이 나와 있으므로 한쪽 끝을 맞추지 않아도 ㉡이 ㉠보다 더 긴 것을 알 수 있습니다.

07 저울의 왼쪽이 위로 올라갔으므로 연필은 필통보다 더 가볍습니다.

08 손으로 들었을 때 딸기는 파인애플보다 더 가볍고, 파인애플은 딸기보다 더 무겁습니다.

09 저울의 왼쪽이 아래로 내려가 있으므로 오른쪽에 있는 쌓기나무는 3개보다 더 가볍습니다. 따라서 쌓기나무가 4개인 것에 △표 합니다.

10 시소는 더 무거운 쪽이 아래로 내려갑니다.

11 필통은 혼자 들 수 있으므로 빈칸에는 책상이 들어가야 합니다.

---

1 봉투, 우표 / 우표, 봉투
2 ⑴ (○) (　) ⑵ (　) (○)
3 (　) (　) (△)
4 (　) (△) (○)
5 ⑴ '좁습니다'에 ○표
⑵ '넓습니다'에 ○표

1 겹쳤을 때 남은 부분이 있는 것이 더 넓습니다.

2 (1) 왼쪽 피자는 오른쪽 피자보다 더 넓습니다.
　(2) 방석이 손수건보다 더 넓습니다.

3 맨 오른쪽 탁자가 가장 좁습니다.

4 • 가장 넓은 것: 스케치북
　• 가장 좁은 것: 수첩

5 겹쳤을 때 남는 부분이 많을수록 더 넓습니다.

098쪽 **1STEP 교과서 개념 잡기**

1 바가지, 밥그릇 / 밥그릇, 바가지
2 (1) (　) (○) (2) (○) (　)
3 (　) (　) (△)
4 (△) (○) (　)
5 (1) 다에 ○표 (2) 가에 ○표
　(3) '많습니다'에 ○표

---

1 바가지는 밥그릇보다 그릇의 크기가 더 크므로 담을 수 있는 양이 더 많습니다.
밥그릇은 바가지보다 그릇의 크기가 더 작으므로 담을 수 있는 양이 더 적습니다.

2 (1) 생수통은 주전자보다 담을 수 있는 양이 더 많습니다.
　(2) 왼쪽 그릇은 오른쪽 그릇보다 담을 수 있는 양이 더 많습니다.

3 컵의 크기를 비교하면 오른쪽 컵에 담을 수 있는 양이 가장 적습니다.

4 • 담을 수 있는 양이 가장 많은 것: 가운데 냄비
　• 담을 수 있는 양이 가장 적은 것: 머그컵

5 병의 모양과 크기가 같으므로 담긴 주스의 높이를 비교합니다.

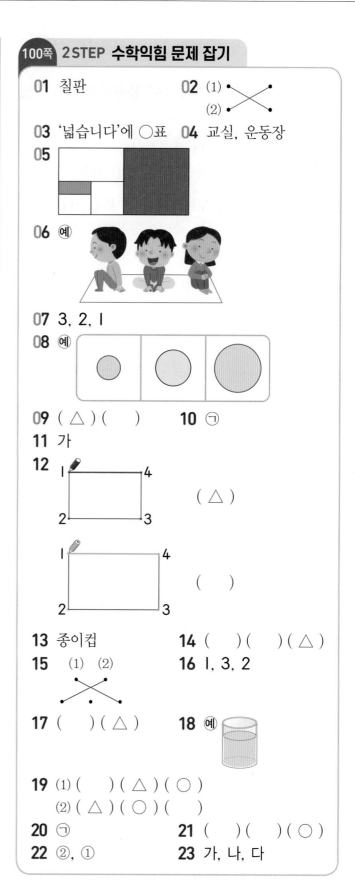

01 칠판　　　　**02** (1) 〳 (2)

03 '넓습니다'에 ○표　**04** 교실, 운동장
05

06 예

07 3, 2, 1
08 예

09 (△) (　)　　**10** ㉠
11 가
12

(△)

(　)

13 종이컵　　　　**14** (　) (　) (△)
15 (1) (2) 〳　　**16** 1, 3, 2

17 (　) (△)　**18** 예
19 (1) (　) (△) (○)
　(2) (△) (○) (　)
20 ㉠　　　　　**21** (　) (　) (○)
22 ②, ①　　　**23** 가, 나, 다

---

01 겹쳤을 때 남는 부분이 있는 칠판이 더 넓습니다.

02 (1)의 액자는 (2)의 액자보다 더 넓습니다.
　(2)의 액자는 (1)의 액자보다 더 좁습니다.

---

03 겹쳤을 때 남는 부분이 있는 공책이 더 넓습니다.

04 교실과 운동장의 넓이를 비교하면 교실은 운동장보다 더 좁습니다.

05 겹쳤을 때 남는 부분이 있는 쪽이 더 넓습니다.

06 친구들이 모두 앉을 수 있게 돗자리를 그립니다.

07 • 가장 좁은 것: 수첩
• 가장 넓은 것: 달력

08 겹쳤을 때 모자라는 부분이 있는 쪽이 더 좁고, 남는 부분이 있는 쪽이 더 넓습니다.

09 거울보다 더 좁은 것은 영화표입니다.

10 조각을 겹쳐 비교하면 ㉠이 가장 넓습니다.

11 편지지보다 더 넓은 가 봉투에 담아야 합니다.

12 수를 순서대로 이어 그려진 모양의 넓이를 비교하면 위쪽 모양이 더 좁습니다.

13 종이컵은 페트병보다 담을 수 있는 양이 더 적습니다.

14 그릇의 모양과 크기가 같으므로 물의 높이를 비교합니다.

15 (1) 담을 수 있는 양이 가장 적은 것: 컵
(2) 담을 수 있는 양이 가장 많은 것: 욕조

16 그릇의 높이가 같으므로 옆으로 더 넓은 것부터 순서대로 I, 2, 3을 씁니다.

17 음료수 캔보다 담을 수 있는 양이 더 적은 것은 컵입니다.

18 주어진 물의 높이보다 높게 그립니다.

19 담긴 물의 높이가 같으므로 그릇의 모양을 비교합니다.

20 컵의 모양과 크기, 담긴 물의 높이를 비교하면 물이 가장 많이 담긴 것은 ㉠입니다.

21 가장 많이 마시고 남은 컵은 담긴 양이 가장 적은 컵입니다.

22 담을 수 있는 양이 가장 많은 물통은 ②이고, 가장 적은 물통은 ①입니다.

23 • 가장 많이 담긴 음료수는 가이므로 윤호는 가를 마십니다.
• 가장 적게 담긴 음료수는 나이므로 은지는 나를 마십니다.
• 수영이는 둘째로 많이 담긴 음료수를 마시므로 다를 마십니다.

104쪽 3STEP 서술형 문제 잡기

※서술형 문제의 예시 답안입니다.

1 (이야기) 가볍습니다

2 (이야기) 농구공은 축구공보다 더 무겁습니다. ▶5점

3 (1단계) 볼펜, 물감   (2단계) 물감
(답) 물감

4 (1단계) 색연필과 옷핀 중에서 더 긴 것은 색연필이고, 크레파스와 색연필 중에서 더 긴 것은 색연필입니다. ▶3점
(2단계) 따라서 가장 긴 것은 색연필입니다. ▶2점
(답) 색연필

5 (1단계) 9, 6   (2단계) 9, 6, 6, 나
(답) 나

6 (1단계) 칸을 각각 세어 보면 가는 8칸, 나는 7칸입니다. ▶3점
(2단계) 8과 7 중 더 큰 수는 8이므로 더 넓은 것은 가입니다. ▶2점
(답) 가

7 (이야기) 물병, 많습니다

8 (이야기) 밥그릇이 냄비보다 담을 수 있는 양이 더 적습니다.

---

1 시소는 더 무거운 쪽이 아래로 내려갑니다.

2 저울은 더 가벼운 쪽이 위로 올라갑니다.
➜ 농구공은 축구공보다 더 무겁습니다.
➜ 축구공은 농구공보다 더 가볍습니다.

8 (채점 가이드) 냄비와 밥그릇의 담을 수 있는 양을 알맞게 비교했는지 확인합니다.

개념책

4
단원

106쪽 4단원 마무리

01 (○)
( )

02 '가볍습니다'에 ○표

03 배추   **04** ( ) (○)

05 ( ) (△)

06 '짧습니다'에 ○표

07 '깁니다'에 ○표

08 (1) •   •
(2) •   •

09 ( ) (○) ( )

10 ( ) (△) (○)

11 3, 1, 2

12 (○) (△) ( )

13 ( )
(○)
(○)

14 예

15 2, 3, 1   **16** (○) ( )

17 병아리   **18** (○) ( )

서술형   ※서술형 문제의 예시 답안입니다.

19 길이를 비교하는 말을 사용하여 이야기 만들기 ▶ 5점

왼쪽 식물이 오른쪽 식물보다 더 깁니다.

20 ❶ 두 가지씩 길이 비교하기 ▶ 3점
❷ 가장 짧은 것은 무엇인지 구하기 ▶ 2점

❶ 머리핀과 연필 중에서 더 짧은 것은 머리핀이고, 클립과 머리핀 중에서 더 짧은 것은 클립입니다.
❷ 따라서 가장 짧은 것은 클립입니다.
답 클립

01 지하철이 버스보다 더 깁니다.

02 전화기는 에어컨보다 더 가볍습니다.

03 저울의 오른쪽이 아래로 내려갔으므로 배추가 당근보다 더 무겁습니다.

04 그릇의 높이가 같으므로 옆으로 더 넓은 것이 담을 수 있는 양이 더 많습니다.

05 컵의 모양과 크기가 같으므로 담긴 주스의 높이가 낮을수록 주스의 양이 더 적은 것입니다.

06 지수는 반바지를 입었고, 민우는 긴바지를 입었습니다.
➜ 지수의 바지는 민우의 바지보다 더 짧습니다.

07 풍선 줄의 길이를 비교하면 민우의 풍선이 위로 더 나와 있으므로 민우의 풍선 줄이 지수의 풍선 줄보다 더 깁니다.

08 (1) 축구 골대는 농구 골대보다 더 넓습니다.
(2) 농구 골대는 축구 골대보다 더 좁습니다.

09 가장 무거운 것: 책상

10 • 가장 넓은 것: 맨 오른쪽 딱지
• 가장 좁은 것: 가운데 딱지

11 • 담을 수 있는 양이 가장 많은 것: 가운데 두유 팩
• 담을 수 있는 양이 가장 적은 것: 맨 왼쪽 두유 팩

12 • 담을 수 있는 양이 가장 많은 것: 양동이
• 담을 수 있는 양이 가장 적은 것: 병

13 붓보다 더 짧은 것: 크레파스, 가위

14 왼쪽 모양과 겹쳤을 때 남는 부분이 있어야 합니다. 오른쪽 모양과 겹쳤을 때 모자라는 부분이 있어야 합니다.

15 • 가장 무거운 것: 멜론
• 가장 가벼운 것: 풍선

16 엽서보다 더 넓은 봉투에 넣어야 합니다.

17 • 오리는 닭보다 더 가볍습니다.
• 병아리는 오리보다 더 가볍습니다.
➜ 병아리가 가장 가볍습니다.

18 담을 수 있는 양이 적을수록 물을 더 빨리 받을 수 있습니다.
➜ 바가지에 물을 더 빨리 받을 수 있습니다.

5 50까지의 수

112쪽 **1STEP 교과서 개념 잡기**

1 10, 열 / 10

2 (1)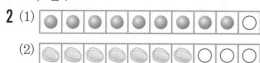

(2)

3 (○) ( ) (○)

4 (1) 10 (2) 10

5 (1) 6, 4 (2) 8, 2

---

1 8보다 2만큼 더 큰 수는 10입니다.
10은 십 또는 열이라고 읽습니다.

2 (1) 10은 9보다 1만큼 더 큰 수입니다. 구슬이
9개이므로 ○를 1개 그리면 10이 됩니다.

(2) 10은 7보다 3만큼 더 큰 수입니다. 참외가
7개이므로 ○를 3개 그리면 10이 됩니다.

3 ・구슬: 10개　　・사탕: 9개　　・달걀: 10개

4 (1) 7과 3을 모으기하면 10입니다.
(2) 5와 5를 모으기하면 10입니다.

5 (1) 10은 6과 4로 가르기할 수 있습니다.
참고 4와 6으로도 가르기할 수 있습니다.
(2) 10은 8과 2로 가르기할 수 있습니다.

114쪽 **1STEP 교과서 개념 잡기**

1 1, 8, 18 / 18, 십팔

2 (1) 12 (2) 14

3 (1) 예 / 11

(2) 예 / 15

---

4 예 / 6, 16

5 (1) 예 14

(2) 예 17

6 19 / '적습니다'에 ○표 / 19, '작습니다'에 ○표

---

1 10개씩 묶음 1개와 낱개 8개는 18입니다.
18은 십팔 또는 열여덟이라고 읽습니다.

2 (1) 10개씩 묶음 1개와 낱개 2개 → 12
(2) 10개씩 묶음 1개와 낱개 4개 → 14

3 (1) 10개씩 묶음 1개와 낱개 1개 → 11
(2) 10개씩 묶음 1개와 낱개 5개 → 15

4 토마토의 수만큼 한 칸에 ○를 하나씩 그립니다.

5 (1) 14는 10개씩 묶음 1개와 낱개 4개인 수입니다.
10개를 색칠하고 4개를 더 색칠합니다.
(2) 17은 10개씩 묶음 1개와 낱개 7개인 수입니다.
10개를 색칠하고 7개를 더 색칠합니다.

6 10개씩 묶음의 수가 같으므로 낱개를 비교하면
3은 9보다 더 작으므로 13은 19보다 작습니다.

116쪽 **1STEP 교과서 개념 잡기**

1  / 13　　2 / 7

3 (1) 11, 12, 13, 14, 15 (2) 15

4 7　　　　　　5 (1) 13 (2) 9

---

1 8과 5를 모으기하면 13입니다.

2 13부터 6만큼 거꾸로 세면 7입니다.
따라서 13을 6과 7로 가르기할 수 있습니다.

3 ⑴ 9부터 6만큼 이어 세면 15입니다.
⑵ 9와 6을 모으기하면 15입니다.

4 케이크는 모두 16개 있습니다. /으로 지운 케이크는 9개이고, 남은 케이크는 7개이므로 16은 9와 7로 가르기할 수 있습니다.

5 ⑴ 4와 9를 모으기하면 13입니다.
⑵ 17은 9와 8로 가르기할 수 있습니다.

118쪽 2STEP 수학익힘 문제 잡기

01 ○○○○○ / 10
○○○○○

02 (위에서부터) 둘, 셋 / 다섯, 일곱 / 열
03 '십'에 ○표 / '열'에 ○표
04 10 **05** 8, 2 / 10
06
7	●●●●●●●●●●	3
8	●●●●●●●●○○	2
9	●●●●●●●●●○	1

07 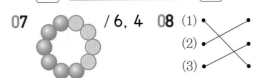 / 6, 4 **08** ⑴ ⑵ ⑶

09 1, 2, 12 / 12
10 (위에서부터) 3 / 1 / 1, 6
11 ⑴ 십사, 열넷 ⑵ 십칠, 열일곱
12 ⑴ (   ) (×) (   )
　　⑵ (×) (   ) (   )
13 ⑴　　⑵　　**14** 14, 16, 11

15 '적습니다'에 ○표 / 16, '작습니다'에 ○표
16 12, 11　　**17** 9, 10, 19
18 16, 8, 8　　**19** ⑴ 15 ⑵ 8

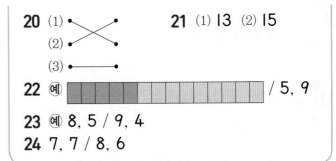

20 ⑴ ⑵ ⑶　　**21** ⑴ 13 ⑵ 15

22 예 ▨▨▨▨▨□□□□□ / 5, 9
23 예 8, 5 / 9, 4
24 7, 7 / 8, 6

01 지우개는 모두 10개 있습니다.

02 '하나'부터 순서대로 하나, 둘, 셋, 넷, 다섯, 여섯, 일곱, 여덟, 아홉, 열입니다.

03 7월 10일 → 칠 월 십 일
딱지 10장 → 딱지 열 장

04 • 왼쪽 상자 → 사과 8개
• 오른쪽 상자 → 사과 10개

05 병아리 8마리와 알 2개를 모으기하면 10입니다.

06 7보다 3만큼 더 큰 수는 10입니다.
8보다 2만큼 더 큰 수는 10입니다.
9보다 1만큼 더 큰 수는 10입니다.

07 구슬은 모두 10개이고, 10을 6과 4로 가르기했습니다.
> 참고 4와 6으로도 가르기할 수 있습니다.

08 ⑴ 8은 2와 모으기하면 10이 됩니다.
⑵ 1은 9와 모으기하면 10이 됩니다.
⑶ 5는 5와 모으기하면 10이 됩니다.

09 10개씩 묶음 1개와 낱개 2개를 12라고 합니다.

10 • 왼쪽 숫자: 10개씩 묶음의 수
• 오른쪽 숫자: 낱개의 수

11 ⑴ 14는 십사 또는 열넷이라고 읽습니다.
⑵ 17은 십칠 또는 열일곱이라고 읽습니다.

12 ⑴ 십구는 19, 열다섯은 15를 나타냅니다.
⑵ 십일과 열하나는 11을 나타냅니다.

13 ⑴ 10개씩 묶음 1개와 낱개 2개 → 12 → 열둘
⑵ 10개씩 묶음 1개와 낱개 5개 → 15 → 열다섯

14 종류별로 음료수가 10개씩 묶음 1개와 낱개 몇 개인지 세어 봅니다.

15 • 초록색 음료수의 수: 14
• 노란색 음료수의 수: 16

16 바둑돌을 /으로 지워 가면서 세어 봅니다.

17 9와 10을 모으기하면 19입니다.

18 16은 8과 8로 가르기할 수 있습니다.

19 (1) 6과 9를 모으기하면 15입니다.
(2) 17은 8과 9로 가르기할 수 있습니다.

20 (1) 10과 2를 모으기하면 12가 됩니다.
(2) 6과 6을 모으기하면 12가 됩니다.
(3) 8과 4를 모으기하면 12가 됩니다.

21 (1) 사과 6개와 복숭아 7개를 모으기하면 13개입니다.
(2) 복숭아 7개와 딸기 8개를 모으기하면 15개입니다.

22 14를 가르기하는 방법: 1과 13, 2와 12, 3과 11, 4와 10, 5와 9, 6과 8, 7과 7, 8과 6, 9와 5, 10과 4, 11과 3, 12와 2, 13과 1

23 13을 가르기하는 방법: 1과 12, 2와 11, 3과 10, 4와 9, 5와 8, 6과 7, 7과 6, 8과 5, 9와 4, 10과 3, 11과 2, 12와 1
> **참고** 0과 13, 13과 0으로 가르기할 수도 있습니다.

24 • 네모난 단추 ➔ 7개, 동그란 단추 ➔ 7개
• 초록색 단추 ➔ 8개, 파란색 단추 ➔ 6개
> **참고** 같은 색깔로 가르기할 때 6과 8로도 가르기할 수 있습니다.

122쪽 1STEP 교과서 개념 잡기

1 2, 3, 23 / 23, 이십삼
2 (모형) / 2, 20
3 (1) 30 (2) 40   **4** 4, 8
5 (1) ╳
(2)
6 (위에서부터) 30, 40 / '많습니다'에 ○표 / 30, '큽니다'에 ○표

---

1 10개씩 묶음 2개와 낱개 3개는 23입니다. 23은 이십삼 또는 스물셋이라고 읽습니다.

2 지우개 10개씩 묶음 2개 ➔ 20개

3 (1) 10개씩 묶음 3개 ➔ 30
(2) 10개씩 묶음 4개 ➔ 40

4 달걀은 10개씩 묶음 4개와 낱개 8개입니다.

5 (1) 29는 이십구 또는 스물아홉이라고 읽습니다.
(2) 44는 사십사 또는 마흔넷이라고 읽습니다.

6 초록색 모형: 10개씩 묶음 3개,
파란색 모형: 10개씩 묶음 4개
따라서 파란색 모형은 초록색 모형보다 많습니다.
➔ 40은 30보다 큽니다.

124쪽 1STEP 교과서 개념 잡기

1 33 / 37, 38
2 (1) 20, 22 (2) 33, 35 (3) 42, 44
3 29, 40, 17, 36
4 41, 43, 44, 46, 48, 49
5 (위에서부터) 26 / 12 / 23, 38, 43 / 4 / 15, 50
6 33, 48

---

1 • 32와 34 사이의 수 ➔ 33
• 36과 39 사이의 수 ➔ 37, 38

2 (1) 21보다 1만큼 더 작은 수 ➔ 20, 21보다 1만큼 더 큰 수 ➔ 22
(2) 34보다 1만큼 더 작은 수 ➔ 33, 34보다 1만큼 더 큰 수 ➔ 35
(3) 43보다 1만큼 더 작은 수 ➔ 42, 43보다 1만큼 더 큰 수 ➔ 44

3 • 28과 30 사이의 수: 29
• 39와 41 사이의 수: 40
• 16과 18 사이의 수: 17
• 35와 37 사이의 수: 36

4 40 - ㊶ - 42 - ㊸ - ㊹ - 45 - ㊻ - 47
    - ㊽ - ㊾ - 50

5 왼쪽 위에 있는 1부터 아래로 1만큼씩 커지는 규칙입니다.

6 • 32보다 1만큼 더 큰 수 → 33
   • 49보다 1만큼 더 작은 수 → 48

6 10개씩 묶음의 수가 가장 작은 12가 가장 작습니다.

126쪽 **1STEP 교과서 개념 잡기**

1 43, 31   **2** 25에 △표
3 27, 31
4 예 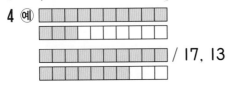   / 17, 13
5 (1) 26에 ○표 (2) 34에 ○표 (3) 48에 ○표
6 12에 △표

---

1 43은 10개씩 묶음 4개와 낱개 3개이고, 31은 10개씩 묶음 3개와 낱개 1개입니다.
따라서 10개씩 묶음의 수가 더 큰 43이 31보다 큽니다.

2 28은 10개씩 묶음 2개와 낱개 8개이고, 25는 10개씩 묶음 2개와 낱개 5개입니다.
10개씩 묶음의 수가 같으므로 낱개의 수가 더 작은 25가 28보다 작습니다.

3 10개씩 묶음의 수가 더 작은 27이 31보다 작습니다.

4 10개씩 묶음의 수가 같으므로 낱개의 수가 더 큰 17이 13보다 큽니다.

5 (1) 10개씩 묶음의 수가 더 큰 26이 18보다 큽니다.
   (2) 10개씩 묶음의 수가 같으므로 낱개의 수가 더 큰 34가 31보다 큽니다.
   (3) 10개씩 묶음의 수가 같으므로 낱개의 수가 더 큰 48이 46보다 큽니다.

128쪽 **2STEP 수학익힘 문제 잡기**

01 예 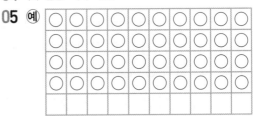   / 2, 20

02 (1) 30 / 삼십, 서른
   (2) 46 / 사십육, 마흔여섯
03 24
04 (1) 25 (2) 43
05 예

(○이 4줄, 각 줄에 10개씩 그려진 그림)

06 (위에서부터) 2, 7 / 3, 0
07 34, 26
08 50
09 48, 49, 50
10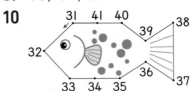
11 (위에서부터) 28, 27 / 20, 18, 16
12 45에 ○표
13 25, 24, 22
14 (위에서부터) 10, 11, 12, 13 / 5, 6
15 35
16

(버스 좌석 그림)

17 (1) 28에 △표 (2) 11에 △표

18 39, 34 / 34, 39

19 ㉠

20 ( ) ( ) (○)

21

22 36개   **23** 13, 29, 45, 50

24 28, 29

---

01 10개씩 묶음 2개 ➜ 20

02 (1) 만두: 10개씩 묶음 3접시 ➜ 30
　　30은 삼십 또는 서른이라고 읽습니다.
　(2) 도넛: 10개씩 묶음 4접시, 낱개 6개 ➜ 46
　　46은 사십육 또는 마흔여섯이라고 읽습니다.

03 구슬을 10개씩 묶어 봅니다.
　10개씩 묶음 2개와 낱개 4개 ➜ 24

04 (1) 10개씩 묶음 2개와 낱개 5개 ➜ 25
　(2) 10개씩 묶음 4개와 낱개 3개 ➜ 43

05 한 칸에 ◯를 하나씩 그립니다.
　40은 10개씩 묶음이 4개입니다.
　한 줄이 10칸이므로 4줄이 되도록 그립니다.

06 • 빨간색 물고기 ➜ 10개씩 묶음 1개와 낱개 6개
　• 파란색 물고기 ➜ 10개씩 묶음 2개와 낱개 7개
　• 노란색 물고기 ➜ 10개씩 묶음 3개

07 하늘색 칸은 10개씩 묶음 3개와 낱개 4개이므로 34칸입니다. 검은색 칸은 10개씩 묶음 2개와 낱개 6개이므로 26칸입니다.

---

08 • 강아지 한 마리 ➜ 연결 모형 10개
　• 강아지 5마리 ➜ 연결 모형 10개씩 묶음 5개
　　➜ 50개

09 47부터 수를 순서대로 쓰면 47, 48, 49, 50입니다.

10 31부터 41까지의 수를 순서대로 이어 봅니다.
31 - 32 - 33 - 34 - 35 - 36 - 37 - 38 - 39 - 40 - 41

11 35부터 수를 거꾸로 세어 봅니다.
35 - 34 - 33 - 32 - 31 - 30 - 29 - ㉘ - ㉗ - 26 - 25 - 24 - 23 - 22 - 21 - ㉒ - 19 - ㉙ - 17 - ㉖

12 44보다 1만큼 더 큰 수 ➜ 45

13 아래에서 위로 갈수록 수가 1씩 커집니다.

14 아랫줄 1부터 오른쪽으로 1씩 커지는 규칙입니다.

15 34와 36 사이의 수는 35입니다.

16

4	8	12	16	20	24	29
3	7	11	15	19	23	28
						27
2	6	10	14	18	22	26
1	5	9	13	17	㉑	25

17 (1) 10개씩 묶음의 수가 더 작은 28이 40보다 작습니다.
　(2) 10개씩 묶음의 수가 같으므로 낱개의 수가 더 작은 11이 17보다 작습니다.

18 10개씩 묶음의 수가 같으므로 낱개의 수를 비교합니다.
　• 낱개의 수가 더 큰 39가 34보다 큽니다.
　• 낱개의 수가 더 작은 34가 39보다 작습니다.

19 10개씩 묶음의 수를 비교하면 ㉠은 10개씩 묶음 2개이고, ㉡은 3개이므로 ㉠이 더 작습니다.

20 10개씩 묶음의 수가 가장 큰 35가 가장 큽니다.

21 10개씩 묶음의 수를 비교합니다.
- 42는 10개씩 묶음 4개이고, 13은 10개씩 묶음 1개이므로 13이 더 작습니다.
- 36은 10개씩 묶음 3개이고, 29는 10개씩 묶음 2개이므로 29가 더 작습니다.
- 44는 10개씩 묶음 4개이고, 19는 10개씩 묶음 1개이므로 19가 더 작습니다.

22 30보다 크고 42보다 작은 수 중 낱개의 수가 6인 수는 36입니다.

23 10개씩 묶음의 수가 작은 수부터 순서대로 씁니다.
→ 13, 29, 45, 50

24 10개씩 묶음 2개와 낱개 7개인 수는 27입니다.
27, 28, 29, 30에서 27보다 크고 30보다 작은 수는 28, 29입니다.

132쪽 3STEP 서술형 문제 잡기

※서술형 문제의 예시 답안입니다.

1 (1단계) 14   (2단계) 14
(답) 14개

2 (1단계) 10개씩 묶음 3개와 낱개 9개는 39입니다. ▶4점
(2단계) 따라서 서윤이가 가지고 있는 사탕은 39개입니다. ▶1점
(답) 39개

3 (1단계) 3, 4   (2단계) 46
(답) 46

4 (1단계) 22는 10개씩 묶음 2개와 낱개 2개입니다. 30은 10개씩 묶음 3개입니다. ▶3점
(2단계) 따라서 10개씩 묶음의 수가 더 큰 30이 더 큰 수입니다. ▶2점
(답) 30

5 (1단계) 20, 21, 22
(2단계) 20, 21, 22
(답) 20, 21, 22

6 (1단계) 28부터 31까지의 수를 순서대로 써 보면 28, 29, 30, 31입니다. ▶3점
(2단계) 따라서 28과 31 사이의 수는 29, 30입니다. ▶2점
(답) 29, 30

7 (이야기) 달걀, 30

8 (이야기) 실에 구슬 24개를 꿰어 팔찌를 만들었습니다.

---

8 (채점 가이드) 주어진 수와 단어를 모두 사용하여 이야기를 만들었는지 확인합니다.

134쪽 5단원 마무리

01 10
02 (○) (　) (　)
03 16
04 (예)

05 3
06 (위에서부터) 서른 / 이십 / 오십 / 사십, 마흔
07 43, 44, 46
08 40, 50
09 45
10 40, '작습니다'에 ○표
11 6
12 (　) (　) (○)
13 17, 21 / 21, 17
14 (1), (2), (3)
15 36에 △표
16 (예) 9, 7 / 8, 8
17 29, 30, 31, 32, 33

18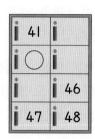

개념책

5
단원

서술형 ※서술형 문제의 예시 답안입니다.

19 ❶ 10개씩 묶음의 수와 낱개의 수 구하기 ▶ 3점
❷ 더 큰 수는 어느 것인지 구하기 ▶ 2점

❶ 32는 10개씩 묶음 3개와 낱개 2개입니다. 27은 10개씩 묶음 2개와 낱개 7개입니다.
❷ 따라서 10개씩 묶음의 수가 더 큰 32가 더 큰 수입니다.
답 32

20 ❶ 38부터 42까지의 수 순서대로 쓰기 ▶ 3점
❷ 38과 42 사이의 수 구하기 ▶ 2점

❶ 38부터 42까지의 수를 순서대로 써 보면 38, 39, 40, 41, 42입니다.
❷ 따라서 38과 42 사이의 수는 39, 40, 41입니다.
답 39, 40, 41

---

01 9 바로 뒤의 수는 10입니다.

02 구슬을 세어 10개인 것을 찾습니다.

03 16
↓ 낱개의 수
10개씩 묶음의 수

04 10개씩 묶음 1개와 낱개 2개
→ 12

05 30은 10개씩 묶음이 3개입니다.

06 몇십은 두 가지 방법으로 읽을 수 있습니다.
• 30: 삼십, 서른   • 20: 이십, 스물
• 50: 오십, 쉰   • 40: 사십, 마흔

07 41부터 수를 순서대로 써 봅니다.
41 - 42 - ㊸ - ㊹ - 45 - ㊻

08 10, 20, 30으로 10개씩 묶음의 수가 1씩 커지는 규칙입니다.
10 - 20 - 30 - ㊵ - ㊿

09 10개씩 묶음 4개와 낱개 5개
→ 45개

10 33은 10개씩 묶음 3개와 낱개 3개, 40은 10개씩 묶음 4개이므로 33은 40보다 작습니다.
참고 두 수의 크기를 비교할 때 '40은 33보다 큽니다.'로 표현할 수도 있습니다.

11 15는 9와 6으로 가르기할 수 있습니다.

12 24는 이십사 또는 스물넷으로 나타낼 수 있습니다.

13 • 왼쪽 그림: 10개씩 묶음 1개와 낱개 7개
→ 17
• 오른쪽 그림: 10개씩 묶음 2개와 낱개 1개
→ 21
• 10개씩 묶음의 수가 더 큰 21이 17보다 큽니다.

14 (1) 10은 9와 모으기하면 19가 됩니다.
(2) 8은 11과 모으기하면 19가 됩니다.
(3) 5는 14와 모으기하면 19가 됩니다.

15 10개씩 묶음의 수가 더 작은 36과 39가 43보다 작습니다.
36과 39는 10개씩 묶음의 수가 같으므로 낱개의 수가 더 작은 36이 가장 작은 수입니다.

16 16을 가르기하는 방법:
1과 15, 2와 14, 3과 13, 4와 12, 5와 11,
6과 10, 7과 9, 8과 8, 9와 7, 10과 6,
11과 5, 12와 4, 13과 3, 14와 2, 15와 1

17 가장 작은 수는 10개씩 묶음의 수가 가장 작은 29입니다.
29부터 순서대로 쓰면
29 - 30 - 31 - 32 - 33입니다.

18 왼쪽 보관함에 33부터 40까지의 수가 위에서부터 순서대로 쓰여 있고, 오른쪽 보관함에 41부터 48까지의 수가 위에서부터 순서대로 쓰여 있는 규칙입니다.

138쪽 1~5단원 총정리

01 6

02 ( ) ( ) (○)

03 ⬤에 ○표

04 ( ) (○) ( )

05 (1) 6, 3, 9 (2) 8, 3, 5

06 4, 0 07 (○)
( )

08 '무겁습니다'에 ○표

09 16 10 (1) •   •
(2) •   •
(3) •   •

11 (위에서부터) 8, 9 / 4 / 2

12 4, 5 / '많습니다'에 ○표

13 지우개에 ○표 14 ㉡

15 8점 16 6, 1, 5

17 2, 4, 3 18 29 / 4, 5

19 나 20 44, 43, 41

21 2, 3, 1 22 4

23 ㉢ 24 다

25 41, 35, 29, 24

---

01 벌을 하나씩 세어 보면 6마리입니다.

02 5보다 1만큼 더 큰 수는 6이므로 6개인 것을 찾습니다.

03 농구공, 비치 볼, 멜론, 지구본은 모두 ⬤ 모양 입니다.

04 ⬤ 모양은 잘 쌓을 수 없습니다.

05 (1) 흰 바둑돌 6개와 검은 바둑돌 3개를 모으기 하면 9개입니다.
(2) 바둑돌 8개를 3개와 5개로 가르기할 수 있 습니다.

06 새 4마리가 모두 날아갔으므로 4−4=0입니다.

07 왼쪽 끝을 맞추었으므로 오른쪽 끝이 더 나온 가 위가 더 깁니다.

08 손으로 들었을 때 호박이 더 무겁습니다.

09 10개씩 묶음 1개와 낱개 6개이므로 아이스크림 은 모두 16개입니다.

10 (1) 30은 서른 또는 삼십이라고 읽습니다.
(2) 50은 쉰 또는 오십이라고 읽습니다.
(3) 20은 스물 또는 이십이라고 읽습니다.

11 1, 2, 3, 4, 5, 6, 7, 8, 9

12 ★는 4개이고, 🐚는 5개이므로 🐚는 ★보다 1개 더 많습니다.

13 쌓기나무: 🎲 모양 → 🎲 모양: 지우개

14 참고 ㉡ 음료수 캔은 눕혔을 때 한 방향으로만 잘 굴러갑 니다.

15 5+3=8(점)

16 6개에서 1개를 뺐으므로 6−1=5입니다.

17 • 🎲 모양: 몸통과 꼬리에 2개
• 🥫 모양: 다리에 4개
• ⬤ 모양: 머리와 귀에 3개

18 • 10개씩 묶음 2개와 낱개 9개는 29입니다.
• 45는 10개씩 묶음 4개와 낱개 5개입니다.

19 담긴 물의 높이가 모두 같으므로 컵의 크기가 가장 작은 것을 찾으면 나입니다.

20 45부터 수를 거꾸로 세어 보면 45, 44, 43, 42, 41, 40입니다.

21 그릇의 크기가 클수록 담을 수 있는 양이 많습니다.

22 수 카드를 큰 수부터 차례로 놓으면 8, 7, 4, 1입니다.
→ 오른쪽에서 두 번째에 놓이는 수: 4

23 ㉠ 4+3=7 ㉡ 6+1=7
㉢ 8−3=5 ㉣ 9−2=7
따라서 계산 결과가 다른 하나는 ㉢입니다.

24 가: 4칸, 나: 7칸, 다: 9칸이므로 다가 가장 넓 습니다.

25 10개씩 묶음의 수가 큰 수부터 구하고, 10개씩 묶음의 수가 같으면 낱개의 수를 비교합니다.

1 9까지의 수

기초력 더하기

01쪽 1. 1, 2, 3, 4, 5 알아보기

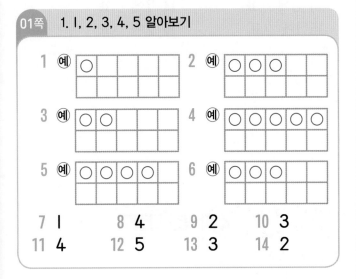

7 1   8 4   9 2   10 3
11 4   12 5   13 3   14 2

1 참외가 하나이므로 ○를 1개 그립니다.

2 사과가 하나, 둘, 셋이므로 ○를 3개 그립니다.

02쪽 2. 6, 7, 8, 9 알아보기

7 6   8 7   9 8   10 6
11 9   12 7

1 고양이가 하나, 둘, 셋, 넷, 다섯, 여섯이므로 ○를 6개 그립니다.

2 바나나가 하나, 둘, 셋, 넷, 다섯, 여섯, 일곱이므로 ○를 7개 그립니다.

03쪽 3. 수로 순서를 나타내기

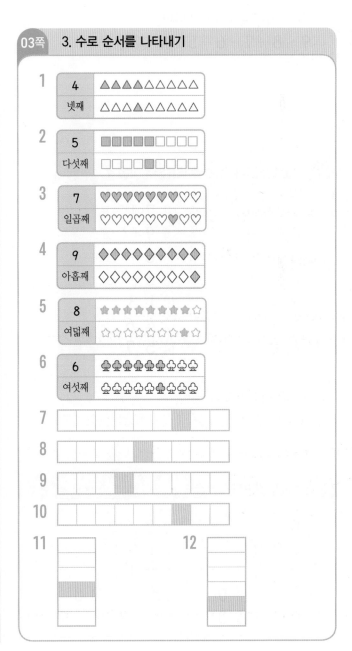

기본 강화책 1 단원

04쪽   4. 수의 순서 알아보기

1 3, 4   2 4, 5   3 7, 9   4 5, 7
5 2, 4   6 4, 6, 7
7 1, 4, 5   8 5, 7, 9
9 5, 2   10 7, 6   11 5, 3   12 7, 5
13 6, 5   14 4, 2, 1
15 9, 8, 5   16 6, 4, 3

1 1부터 9까지의 수를 앞에서부터 순서대로 생각해 봅니다.
1 - 2 - 3 - 4 - 5 - 6 - 7 - 8 - 9

9 수를 거꾸로 세어 봅니다.
9 - 8 - 7 - 6 - 5 - 4 - 3 - 2 - 1

05쪽   5. 1만큼 더 큰 수와 1만큼 더 작은 수

1 4에 ◯표   2 7에 ◯표
3 3에 ◯표   4 9에 ◯표
5 3에 ◯표   6 6에 ◯표
7 4에 ◯표   8 8에 ◯표
9 2, 4   10 1, 3
11 7, 9   12 4, 6
13 6, 8   14 5, 7

06쪽   6. 0 알아보기

1 0   2 2, 1, 0
3 1, 2, 0   4 1, 0, 2
5 0, 2, 1   6 0, 1, 2
7 0   8 0   9 0   10 0
11 0   12 0

07쪽   7. 수의 크기 비교하기

1 '작습니다'에 ◯표   2 '큽니다'에 ◯표
3 '큽니다'에 ◯표   4 '작습니다'에 ◯표
5 6에 ◯표   6 5에 ◯표
7 9에 ◯표   8 9에 ◯표
9 8에 ◯표   10 2에 ◯표
11 5에 △표   12 5에 △표
13 0에 △표   14 7에 △표
15 1에 △표   16 2에 △표

수학익힘 다잡기

08쪽   1. 1, 2, 3, 4, 5를 알아볼까요

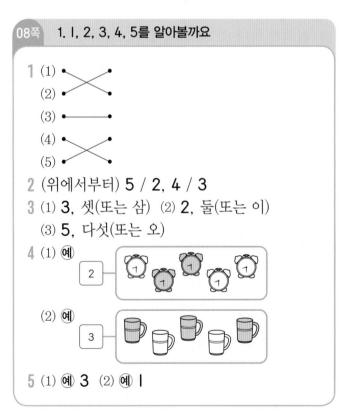

1 (1) (2) (3) (4) (5)

2 (위에서부터) 5 / 2, 4 / 3

3 (1) 3, 셋(또는 삼)   (2) 2, 둘(또는 이)
   (3) 5, 다섯(또는 오)

4 (1) 예

5 (1) 예 3   (2) 예 1

4 **채점 가이드** 쓴 수와 색칠한 수가 같은지 확인합니다.

5 **채점 가이드** 1부터 5까지의 수 중 하나를 썼는지 확인합니다.

09쪽 2. 6, 7, 8, 9를 알아볼까요

1 (1) •
(2) •
(3) •
(4) •———•

2 (위에서부터) 6, 7 / 9, 8

3 (1) 6, 여섯(또는 육) (2) 8, 여덟(또는 팔)

4 (1) 예

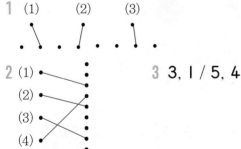

(2)

5 예 팽이가 7개 있습니다.

5 채점 가이드 그림에 있는 물건의 종류와 수를 바르게 썼는지 확인합니다.

10쪽 3. 수로 순서를 나타내 볼까요

1 (1)   (2)   (3)
• • • • • • •

2 (1) •————•
(2) •————•
(3) •————•
(4) •————•

3 3, 1 / 5, 4

4 (1)

3	◇◆◇◆◇◇◇◇◇
셋째	◇◇◆◇◇◇◇◇◇

(2)

7	♥♥♥♥♥♥♥♥♥
일곱째	♥♥♥♥♥♥♥♥♥

(3)

8	☺☺☺☺☺☺☺☺☺
여덟째	☺☺☺☺☺☺☺☺☺

5 예 국어사전은 오른쪽에서 여섯째에 있습니다.

4 (1) 3(셋)은 ◇을 3개 색칠하고, 셋째는 왼쪽에서 셋째에 있는 ◇ 1개만 색칠합니다.

(2) 7(일곱)은 ♡를 7개 색칠하고, 일곱째는 왼쪽에서 일곱째에 있는 ♡ 1개만 색칠합니다.

(3) 8(여덟)은 ☺를 8개 색칠하고, 여덟째는 왼쪽에서 여덟째에 있는 ☺ 1개만 색칠합니다.

5 '몇째'를 사용하여 말해 봅니다.

채점 가이드 그림에 있는 책의 순서에 맞게 몇째를 사용하였는지 확인합니다.

11쪽 4. 수의 순서를 알아볼까요

1 (1) 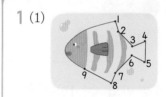 (2)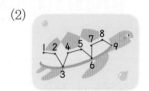

(3)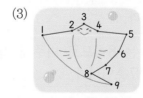

2

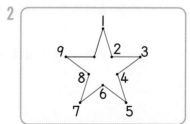

3 (1) 2, 3, 6, 8 (2) 1, 4, 5, 7, 9
(3) 8, 5, 3, 1

4 (1) 6, 8 (2) 3, 4, 6 (3) 8, 7

5

1 | - 2 - 3 - 4 - 5 - 6 - 7 - 8 - 9 순서대로 선을 이어 봅니다.

3 (1) 왼쪽에서부터 | - 2 - 3 - 4 - 5 - 6 - 7 - 8 - 9의 순서에 맞게 빈칸에 알맞은 수를 써넣습니다.
　(3) 오른쪽에서부터 | - 2 - 3 - 4 - 5 - 6 - 7 - 8 - 9의 순서에 맞게 빈칸에 알맞은 수를 써넣습니다.

5 왼쪽에서부터 | - 2 - 3 - 4 - 5 - 6 - 7 - 8 - 9의 순서에 맞게 빈칸에 알맞은 수를 써넣고 같은 수끼리 같은 색으로 칠합니다.

12쪽　5. |만큼 더 큰 수와 |만큼 더 작은 수를 알아볼까요

1 (위에서부터) 4, 6 / 3, 5 / 2, 4
2 (위에서부터) |, 3 / 4, 6 / 7, 9
3 (1) ① ② ③ ④ **⑤** ⑥ ⑦ ⑧ ⑨
　　(2) ① ② ③ ④ ⑤ ⑥ **⑦** **⑧** **⑨**
4 8, 7　　　　　**5** (1) 4 (2) 6

---

2 |만큼 더 작은 수는 바로 앞의 수, |만큼 더 큰 수는 바로 뒤의 수입니다.

4 7보다 |만큼 더 큰 수는 8이므로 미주네 집은 8층이고, 준호네 집은 7층입니다.

5 (1) 5보다 하나 더 작은 수는 4이므로 어제의 기록은 4번입니다.
　(2) 5보다 하나 더 큰 수는 6이므로 내일의 목표는 6번입니다.

13쪽　6. 0을 알아볼까요

1 3, 2, |, 0　　　　**2** 5, 0, |
3 0, 3, 4, 6, 8　　　**4** |, 0, 2, 4
5 예 피자 6조각을 모두 나누어 먹었더니 남은 피자는 0조각입니다.

---

3 왼쪽에서부터 0 - | - 2 - 3 - 4 - 5 - 6 - 7 - 8의 순서에 맞게 빈칸에 알맞은 수를 써넣습니다. |보다 |만큼 더 작은 수는 0입니다.

4 넣은 화살의 수를 세어 보면 왼쪽에서부터 순서대로 |, 0, 2, 4입니다. 아무것도 없는 수는 0입니다.

5 '피자'와 '0'을 사용하여 말해 봅니다.
　　채점 가이드 피자가 모두 없어진 상황을 0으로 표현했는지 확인합니다.

14쪽　7. 수의 크기를 비교해 볼까요

1 (1) '적습니다'에 ○표
　 (2) 5, '작습니다'에 ○표
2
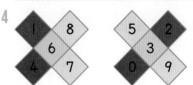
　 (1) '큽니다'에 ○표　(2) '작습니다'에 ○표
3 ⚠ ② ③ ④ 5 ⑥ ⑦ ⑧ ⑨
4 (왼쪽) |, 8, 6, 4, 7 / (오른쪽) 5, 2, 3, 0, 9
5 예 | 4 9 에 ○표
　 예 (1) |, 4, 9 (2) |, 9

---

3 5보다 큰 수는 6, 7, 8, 9이고, 5보다 작은 수는 |, 2, 3, 4입니다.

4 • 6보다 작은 수는 |, 4이고, 6보다 큰 수는 7, 8입니다.
　 • 3보다 작은 수는 0, 2이고, 3보다 큰 수는 5, 9입니다.

5 (2) 수의 크기를 비교하여 가장 작은 수와 가장 큰 수를 씁니다.
　　채점 가이드 수 카드에 ○표 한 수의 크기를 바르게 비교했는지 확인합니다.

2 여러 가지 모양

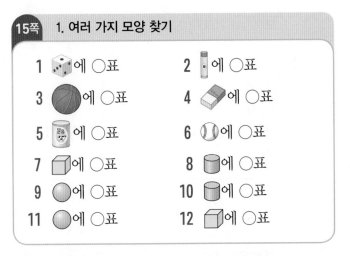

기초력 더하기

15쪽 1. 여러 가지 모양 찾기

1 🎲에 ◯표   2 📌에 ◯표

3 🏀에 ◯표   4 🧽에 ◯표

5 🥫에 ◯표   6 ⚾에 ◯표

7 📦에 ◯표   8 🥫에 ◯표

9 ⬤에 ◯표   10 🥫에 ◯표

11 ⬤에 ◯표   12 📦에 ◯표

16쪽 2. 사용한 모양 알아보기

1 1, 2, 2   2 1, 4, 1   3 1, 2, 2
4 2, 2, 2   5 2, 1, 4   6 1, 3, 2
7 1, 6, 1   8 3, 5, 4

수학익힘 다잡기

17쪽 1. 여러 가지 모양을 찾아볼까요

1 (1) 🎁에 ◯표 (2) ⚾에 ◯표
2 나   3 🧽에 ◯표
4 (1)   (2)   (3)
5

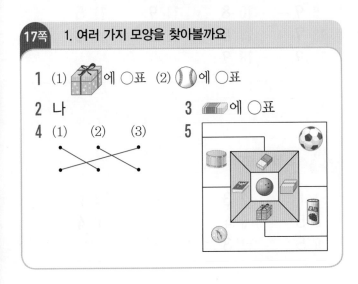

---

1 (1) 📦 모양: 선물 상자
   (2) ⬤ 모양: 야구공

2 가에는 ⬤ 모양과 🥫 모양이 있고, 나에는 🥫 모양만 있습니다.

3 과자 상자와 지우개는 📦 모양입니다.

4 (1) 🥫 모양: 물병, 통조림통
   (2) 📦 모양: 전자레인지, 동화책
   (3) ⬤ 모양: 지구본, 수박

5 냉장고는 📦 모양입니다.
   📦 모양: 책, 지우개, 택배 상자, 선물 상자

기본 강화책

2 단원

18쪽 2. 여러 가지 모양을 알아볼까요

1

2

3 (1) (2) (3)   4 (1) (2) (3)

5 예 ⬤ 모양은 쌓기 어려우므로 높이 쌓을 수 없습니다.

1 뾰족한 부분이 있는 물건은 📦 모양입니다.

2 ⬤ 모양은 쌓기 어렵습니다.

4 (1) ⬭ 모양은 굴러가고 쌓을 수 있습니다.

　(2) ⬜ 모양은 굴러가지 않고 쌓을 수 있습니다.

　(3) ⚪ 모양은 잘 굴러가고 쌓을 수 없습니다.

5 ⬭ 모양은 쌓을 수 있지만 ⚪ 모양은 쌓기 어려우므로 쌓기 놀이를 할 수 없습니다.

　채점 가이드 모양의 특징을 알고 쌓기 힘든 모양을 설명할 수 있는지 확인합니다.

19쪽 **3. 여러 가지 모양으로 만들어 볼까요**

1 (1) ⬜, ⬭에 ○표　(2) ⬜, ⚪에 ○표

2 (1) **4**, **2**, **2**　(2) **I**, **5**, **I**

3

4 예 사이에 끼인 ⬜ 모양과 ⬭ 모양의 위치와 색이 서로 다릅니다.

---

1 (1) ⬜ 모양과 ⬭ 모양을 사용하여 만들었습니다.

　(2) ⬜ 모양과 ⚪ 모양을 사용하여 만들었습니다.

2 (1) ⬜ 모양: 위쪽과 아래쪽에 **4**개

　　⬭ 모양: 가운데와 아래에 **2**개

　　⚪ 모양: 위쪽에 **2**개

　(2) ⬜ 모양: 가운데에 **I**개

　　⬭ 모양: 위쪽과 아래쪽에 **5**개

　　⚪ 모양: 위쪽에 **I**개

3 주어진 모양의 수와 사용한 모양의 수가 같은 것을 찾습니다.

4 왼쪽 모양과 오른쪽 모양을 비교하여 서로 다른 부분을 찾습니다.

　채점 가이드 서로 다른 부분을 찾고 어떤 모양이 어떻게 다른지를 바르게 설명하였는지 확인합니다.

---

3 덧셈과 뺄셈

기초력 더하기

20쪽 **1. 모으기와 가르기**(1), (2)

1 5		**2** I	
3 3, 5, 8		**4** 6, 3, 3	
5 4, 5, 9		**6** 8, 2, 6	
7 2 / I	**8** 3 / I	**9** 6 / 5	**10** 7 / I
11 9 / 5		**12** 8 / 6	

21쪽 **2. 덧셈 알아보기**

1 3	**2** 5	**3** 6	**4** 8
5 9	**6** 8	**7** 5	**8** 7
9 6	**10** 8		

22쪽 **3. 덧셈하기**

1 4	**2** 3	**3** 4	**4** 5
5 6	**6** 7	**7** 9	**8** 6
9 9	**10** 8	**11** 9	**12** 5
13 7	**14** 8	**15** 6	**16** 8
17 9	**18** 9		

23쪽 **4. 뺄셈 알아보기**

1 I	**2** 3	**3** 6	**4** I
5 5	**6** 4	**7** 4	**8** 4
9 5	**10** 3		

24쪽   5. 뺄셈하기

1 1	**2** 2	**3** 3	**4** 4
5 4	**6** 5	**7** 3	**8** 2
9 2	**10** 3	**11** 2	**12** 4
13 8	**14** 3	**15** 5	**16** 4
17 4	**18** 7		

25쪽   6. 0이 있는 덧셈과 뺄셈하기

1 7	**2** 2	**3** 5	**4** 0
5 6	**6** 0	**7** 3	**8** 9
9 0	**10** −	**11** ⑨ +	**12** +
13 −	**14** +	**15** −	**16** ⑨ +
17 +	**18** ⑨ +		

10 6−6=0이므로 −를 써넣습니다.

11 4+0=4, 4−0=4이므로 + 또는 −를 써
넣습니다.

12 0+7=7이므로 +를 써넣습니다.

13 2−2=0이므로 −를 써넣습니다.

14 0+1=1이므로 +를 써넣습니다.

15 5−5=0이므로 −를 써넣습니다.

16 8+0=8, 8−0=8이므로 + 또는 −를 써
넣습니다.

17 0+3=3이므로 +를 써넣습니다.

18 9+0=9, 9−0=9이므로 + 또는 −를 써
넣습니다.

26쪽   7. 덧셈과 뺄셈하기

1 3, 4, 5	**2** 9, 8, 7	**3** 6, 7, 8
4 8, 7, 6	**5** 3, 4, 5	**6** 3, 2, 1
7 7, 7, 7 / 7	**8** 9, 9, 9 / 9	
9 4, 4, 4 / 4	**10** 2, 2, 2 / 2	

수학익힘 다잡기

27쪽   1. 모으기와 가르기를 해 볼까요(1)

1 1, 5, 6   **2** 7, 3, 4

3 8, 6, 2

4 ⑨

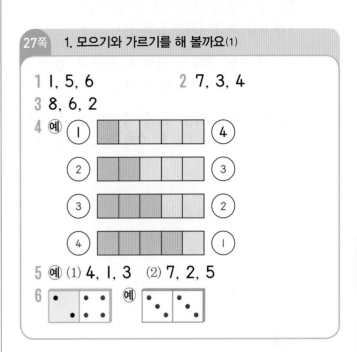

5 ⑨ (1) 4, 1, 3   (2) 7, 2, 5

6

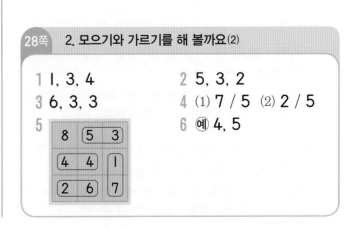

4 5칸을 1과 4, 2와 3, 3과 2, 4와 1로 색칠할
수 있습니다.

5 (1) 4는 1과 3, 2와 2, 3과 1로 가르기할 수 있
습니다.

     (2) 7은 1과 6, 2와 5, 3과 4, 4와 3, 5와 2,
6과 1로 가르기할 수 있습니다.

6 점의 수가 6이 되도록 점을 그리면 2와 4, 3과
3으로 그릴 수 있습니다.

28쪽   2. 모으기와 가르기를 해 볼까요(2)

1 1, 3, 4	**2** 5, 3, 2
3 6, 3, 3	**4** (1) 7 / 5 (2) 2 / 5

5

8	5	3
4	4	1
2	6	7

6 ⑨ 4, 5

4　(1) 4와 3을 모으기하면 7입니다.
　　　7은 2와 5로 가르기할 수 있습니다.
　　(2) 5는 3과 2로 가르기할 수 있습니다.
　　　1과 4를 모으기하면 5입니다.

5　1과 7, 2와 6, 3과 5, 4와 4, 5와 3, 6과 2,
　7과 1을 모으기하면 8이 됩니다.

6　모으기하여 9가 되는 두 수 중 준호의 수가 더
　크게 되는 두 수는 1과 8, 2와 7, 3과 6, 4와
　5입니다.

29쪽 3. 이야기를 만들어 볼까요

1　4, 4, 8　　　　　　2　6, 2, 4
3　5, 2, 3
4　예 왼쪽 접시에 있는 딸기 5개와 오른쪽 접시
　에 있는 귤 2개를 모으면 모두 7개입니다.
5　예 파란색 꽃 5송이와 노란색 꽃 4송이를 모
　으면 모두 9송이입니다.

4　다른 풀이 예 딸기가 5개, 귤이 2개 있으므로 딸
　기가 3개 더 많습니다.
　채점 가이드 딸기, 귤의 개수를 바르게 나타내어 비교하고,
　보기에 있는 말을 이용하였는지 확인합니다.

5　다른 풀이 예 꽃은 모두 9송이, 나비는 모두 5마
　리이므로 꽃이 4송이 더 많습니다.
　채점 가이드 꽃의 수와 나비의 수를 바르게 나타내어 비교
　하고, 〈보기〉에 있는 말을 이용하였는지 확인합니다.

30쪽 4. 덧셈을 알아볼까요

1　(1)　　(2)

2　(1) 6　(2) 4, 8　(3) 5, 2, 7
3　예 (1) 2, 2, 4 / 2 더하기 2는 4와 같습니다.
　　　(또는 2와 2의 합은 4입니다.)
　　(2) 2, 3, 5 / 2 더하기 3은 5와 같습니다.
　　　(또는 2와 3의 합은 5입니다.)
4　4, 1 / 4, 1, 5

2　클립의 색을 기준으로 전체 클립의 수를 구하는
　덧셈식을 씁니다.

3　(1) 그네를 타는 친구가 2명, 시소를 타는 친구
　　가 2명이므로 모두 4명입니다.
　　➡ 2+2=4
　　(2) 징검다리를 모두 건넌 친구가 2명, 건너 오고
　　있는 친구가 3명이므로 모두 5명입니다.
　　➡ 2+3=5
4　참고 1+4=5로 덧셈식을 쓸 수도 있습니다.

31쪽 5. 덧셈을 해 볼까요

1　(1) 예 　　　　　/ 6, 2, 8

　　(2) 예 　　　　　/ 3, 4, 7

2　(1)　　(2)

3　예 4, 5, 9 / 5, 3, 8
4　2, 5, 7 / 5, 2, 7　　5　(1)
　　　　　　　　　　　　　　(2)
　　　　　　　　　　　　　　(3)
6　(위에서부터) 8 / 8 / 8 / 예 4, 4, 8

1 (1) 바구니에 귤이 6개, 바구니 밖에 귤이 2개이므로 모두 8개입니다.
→ 6+2=8
(2) 나뭇잎에 무당벌레가 3마리, 나뭇잎 밖에 무당벌레가 4마리이므로 모두 7마리입니다.
→ 3+4=7

3 닭의 수를 덧셈식으로 나타내면 4+5=9, 꽃의 수를 덧셈식으로 나타내면 5+3=8입니다.
(채점 가이드) 그림에 주어진 수를 덧셈식으로 바르게 나타내었는지 확인합니다.

5 덧셈은 순서를 바꾸어 더해도 합이 같습니다.
(1) 3+4=7, 4+3=7
(2) 1+5=6, 5+1=6
(3) 2+7=9, 7+2=9

6 5+3=8, 2+6=8, 1+7=8이므로 합이 8이 되는 덧셈식을 씁니다.

1 (1)   (2)

2 (1) 4 (2) 2, 6 (3) 7, 3, 4
3 예) 4, 2, 2 / 4 빼기 2는 2와 같습니다.
(또는 4와 2의 차는 2입니다.)
4 6, 3 / 6, 3, 3

3 놀이터에서 놀던 친구 4명 중에서 2명이 나갔으므로 남은 친구는 2명입니다.
→ 4-2=2

4 ⬜ 모양이 6개, 🟦 모양이 3개이므로 6-3=3입니다.

1 예) ○ ○ ○ ○ ∅ / 5, 1, 4
2 (1)   (2)
3 예) 3, 4 / 3, 6
4 예) '사과', '감'에 ○표 / 8, 6, 2
5 (위에서부터) 4 / 4 / 4 / 예) 8, 4, 4
6 3, 5, 6

3 배추의 수를 뺄셈식으로 나타내면 7-3=4, 무의 수를 뺄셈식으로 나타내면 9-3=6입니다.
(채점 가이드) 그림에서 배추끼리, 무끼리 뺄셈식으로 바르게 나타내었는지 확인합니다. 7-4=3, 9-6=3으로 나타낼 수도 있습니다.

4 사과는 감보다 2개 더 많습니다. → 8-6=2
사과는 복숭아보다 3개 더 많습니다. → 8-5=3
감은 복숭아보다 1개 더 많습니다. → 6-5=1
(채점 가이드) 자신이 고른 과일 2종류의 수를 세어 뺄셈식을 바르게 세웠는지 확인합니다.

5 9-5=4, 7-3=4, 5-1=4이므로 차가 4가 되는 뺄셈식을 씁니다.

6 구슬에 적힌 수에서 2를 뺀 수가 나옵니다.
5-2=3, 7-2=5, 8-2=6

1 0, 7
2 0, 5
3 (1) − (2) + (3) 예) −
4 (1)   (2)
6+0=6   3-3=0
5 예) 3, 3 / 8, 8

3 (1) 8에서 8을 빼면 0이 됩니다.
　→ 8−8=0
(2) 0에서 3을 더하면 3이 됩니다.
　→ 0+3=3
(3) 4에서 0을 빼거나 더하면 4가 됩니다.
　→ 4+0=4, 4−0=4

4 (1) 친구들 3명에게 모자 3개를 나누어 주면 남는 모자는 0개입니다.
(2) 귤 6개와 0개의 합은 6개입니다.

5 1, 2, 3, 4에서 0을 더하면 1, 2, 3, 4가 됩니다. 5, 6, 7, 8, 9에서 0을 빼면 5, 6, 7, 8, 9가 됩니다.
[채점 가이드] 각각의 식에서 앞의 □와 뒤의 □에 같은 수를 썼는지 확인합니다.

35쪽 **9. 덧셈과 뺄셈을 해 볼까요**

1 1+7, 4+4, 3+5, 6+2, 0+8에 ○표
2 (1) 5, 6, 7 (2) 4, 3, 2
3 (1)
(2)
(3)
4 5−3, 6−4, 2−0, 9−7에 색칠
5 (1) + (2) − (3) − (4) +
6 예 8, 6, 2

---

3 (1) 7−3=4 → 1+3=4
(2) 5−3=2 → 2+0=2
(3) 9−0=9 → 3+6=9

4 5−3=2, 6−4=2, 2−0=2,
　3−0=3, 4−1=3, 9−7=2

5 (1) 6+2=8이므로 +를 써넣습니다.
(2) 5−1=4이므로 −를 써넣습니다.
(3) 9−4=5이므로 −를 써넣습니다.
(4) 3+4=7이므로 +를 써넣습니다.

6 세 수로 쓸 수 있는 뺄셈식은 8−6=2 또는 8−2=6입니다.

---

4 비교하기

기초력 더하기

36쪽 **1. 길이 비교하기**

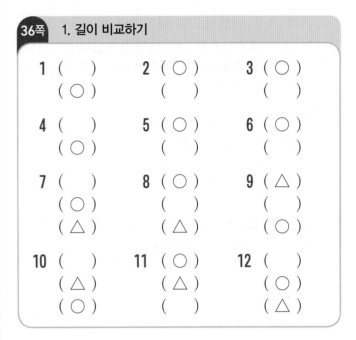

1 ( ) (○)	**2** (○) ( )	**3** (○) ( )
4 ( ) (○)	**5** (○) ( )	**6** (○) ( )
7 ( ) (○) (△)	**8** (○) ( ) (△)	**9** (△) ( ) (○)
10 ( ) (△) (○)	**11** (○) (△) ( )	**12** ( ) (○) (△)

1 한쪽 끝이 맞추어져 있으므로 다른 쪽 끝이 더 나온 것이 더 깁니다.

37쪽 **2. 무게 비교하기**

1 (○)( )　　　 **2** ( )(○)
3 ( )(○)　　　 **4** (○)( )
5 (△)(○)( )
6 (○)(△)( )
7 ( )(△)(○)
8 (○)(△)( )
9 (△)(○)( )
10 ( )(○)(△)

1 손으로 들어 보았을 때 힘이 더 드는 것이 더 무겁습니다.

1 (○) (   )
2 (   ) (○)
3 (○) (   )
4 (○) (   )
5 (   ) (○) (△)
6 (○) (△) (   )
7 (△) (○) (   )
8 (   ) (○) (△)
9 (○) (   ) (△)
10 (   ) (△) (○)

1 겹쳤을 때 남는 부분이 있는 것이 더 넓습니다.

1 (   ) (○)
2 (○) (   )
3 (   ) (△)
4 (△) (   )
5 (   ) (○) (△)
6 (○) (   ) (△)
7 (△) (   ) (○)
8 (○) (△) (   )
9 (   ) (△) (○)
10 (△) (○) (   )

3 그릇의 모양과 크기가 같으므로 담긴 물의 높이가 낮을수록 물의 양이 더 적은 것입니다.

수학익힘 다잡기

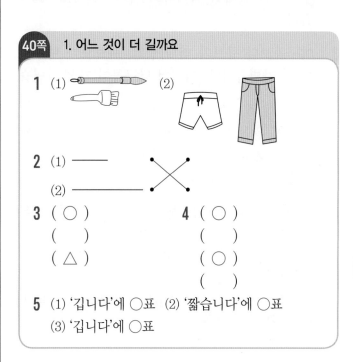

1 (1)   (2)

2 (1) ——
    (2) ——

3 (○)   **4** (○)
    (   )   (   )
    (△)   (○)
                     (   )

5 (1) '깁니다'에 ○표 (2) '짧습니다'에 ○표
    (3) '깁니다'에 ○표

1 (1) 붓과 페인트 붓을 맞대어 보면 붓은 페인트 붓보다 더 깁니다.
    (2) 두 바지를 맞대어 보면 오른쪽 바지는 왼쪽 바지보다 더 깁니다.

2 선을 그어 보면 위쪽이 더 짧고 아래쪽이 더 깁니다.

3 플루트가 가장 길고, 하모니카가 가장 짧습니다.

4 지우개보다 긴 것은 연필과 가위입니다.

5 (1) 왼쪽 테이프가 더 깁니다.
    (2) 왼쪽 테이프가 더 짧습니다.
    (3) 왼쪽 테이프가 더 깁니다.

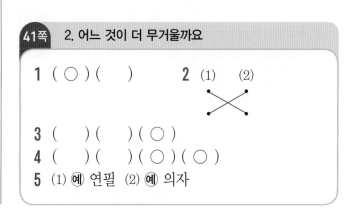

1 (○) (   )   **2** (1)   (2)

3 (   ) (   ) (○)
4 (   ) (   ) (○) (○)
5 (1) 예 연필 (2) 예 의자

1 비치 볼이 수박보다 더 가볍습니다.

2 무거우면 아래로 내려가고 가벼우면 위로 올라갑니다.

3 야구공보다 큐브가 더 가볍고, 큐브보다 탁구공이 더 가볍습니다. 따라서 탁구공이 가장 가볍습니다.

4 저울이 왼쪽으로 기울어져 있으므로 왼쪽은 쌓기나무 **2**개보다 더 무겁습니다. 따라서 쌓기나무 **3**개, **4**개에 표시합니다.

5 (1) 책보다 더 가벼운 물건을 찾으면 연필, 지우개, 색연필 등이 있습니다.
(2) 책가방보다 더 무거운 물건을 찾으면 의자, 책상 등이 있습니다.

채점 가이드 책보다 가벼운 물건과 책가방보다 무거운 물건을 바르게 찾았는지 확인합니다.

42쪽 **3. 어느 것이 더 넓을까요**

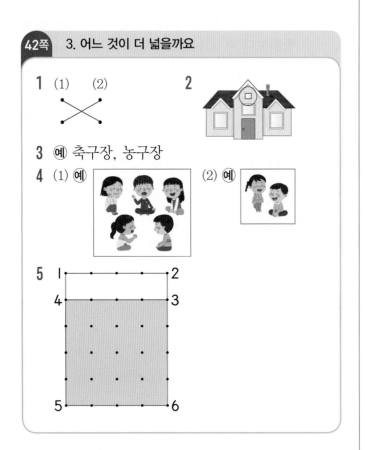

1 (1)   (2)

2

3 예 축구장, 농구장

4 (1) 예

(2) 예

5

---

1 스케치북이 더 넓고, 색종이가 더 좁습니다.

2 창문을 맞대었을 때 맨 위에 있는 창문이 가장 좁습니다.

3 축구장이 가장 넓고 탁구장이 가장 좁습니다.

채점 가이드 '축구장, 탁구장' 또는 '농구장, 탁구장'으로 답해도 정답입니다.

4 학생이 많을수록 더 넓은 돗자리가 필요합니다.

채점 가이드 학생들이 모두 돗자리 안쪽에 앉아 있도록 돗자리를 그렸는지 확인합니다.

5 숫자 **1**부터 **6**까지 순서대로 이어 만들어지는 두 개의 모양에서 위쪽이 더 좁고 아래쪽이 더 넓습니다.

43쪽 **4. 어느 것에 더 많이 담을 수 있을까요**

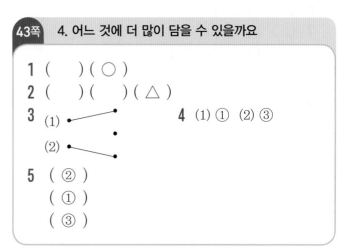

1 (   ) (○)
2 (   ) (   ) (△)
3 (1) •――――――•
(2) •――――――•

4 (1) ① (2) ③

5 (②)
(①)
(③)

---

1 오른쪽 양동이가 왼쪽 물통보다 담을 수 있는 양이 더 많습니다.

2 컵에 담긴 우유의 양을 살펴보면 왼쪽 컵에 담긴 우유의 양이 가장 많고, 오른쪽 컵에 담긴 우유의 양이 가장 적습니다.

3 세 개의 컵 중에서 담을 수 있는 양이 가장 많은 것은 맨 위의 컵이고, 담을 수 있는 양이 가장 적은 것은 맨 아래의 컵입니다.

4 담을 수 있는 양이 적은 것부터 차례로 쓰면 ①, ②, ③입니다.

5 미나는 카레가 가장 많이 담긴 ②를 먹고, 도율이는 준호보다 많이 담긴 것을 먹는다고 하였으므로 둘째로 많이 담긴 ③을 먹고, 준호는 ①을 먹습니다.

5 50까지의 수

기초력 더하기

44쪽 **1. 10, 십몇 알아보기**

1 10		2 10	
3 13		4 1, 7, 17	
5 10		6 10	
7 17		8 15	
9 14		10 16	

45쪽 **2. 모으기와 가르기**

1 10	2 16	3 15	4 12
5 11	6 13	7 4	8 7
9 8	10 9	11 9	12 8

46쪽 **3. 10개씩 묶어 세어 보기**

1 30	2 50	3 40	4 20
5 50	6 30	7 20	8 4

9 '사십'에 ○표   10 '이십'에 ○표
11 '오십'에 ○표   12 '서른'에 ○표
13 '스물'에 ○표   14 '마흔'에 ○표

47쪽 **4. 50까지의 수 세어 보기**

1 24, 이십사(또는 스물넷)
2 41, 사십일(또는 마흔하나)
3 36, 삼십육(또는 서른여섯)
4 25, 이십오(또는 스물다섯)
5 3, 7   6 2, 8   7 3, 5   8 4, 6

---

1 10개씩 묶음 2개와 낱개 4개이므로 24입니다. 24는 이십사 또는 스물넷이라고 읽습니다.

2 10개씩 묶음 4개와 낱개 1개이므로 41입니다. 41은 사십일 또는 마흔하나라고 읽습니다.

5 37에서 왼쪽 숫자는 10개씩 묶음의 수, 오른쪽 숫자는 낱개의 수를 나타냅니다.

48쪽 **5. 50까지 수의 순서 알아보기**

1 40	2 27	3 13	4 49
5 20	6 35	7 17	8 43
9 14, 16		10 25, 27	
11 39, 40		12 46, 49	
13 21, 18		14 38, 37	
15 33, 29		16 44, 42	

9 수의 순서대로 빈 곳에 알맞은 수를 써넣습니다.

13 수를 거꾸로 세어 빈 곳에 알맞은 수를 써넣습니다.

49쪽 **6. 50까지 수의 크기 비교하기**

1 23에 ○표	2 50에 ○표
3 35에 ○표	4 34에 ○표
5 25에 ○표	6 49에 ○표
7 24에 △표	8 19에 △표
9 30에 △표	10 46에 △표
11 15에 △표	12 22에 △표
13 43에 ○표	14 50에 ○표
15 37에 ○표	16 29에 ○표
17 18에 △표	18 29에 △표
19 21에 △표	20 35에 △표

수학익힘 다잡기

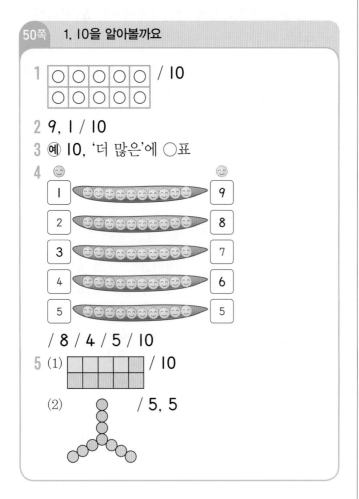

50쪽   1. 10을 알아볼까요

1 ○○○○○ ○○○○○ / 10

2 9, 1 / 10

3 예 10, '더 많은'에 ○표

4
/ 8 / 4 / 5 / 10

5 (1) / 10

(2) / 5, 5

1 사과 10개가 있습니다.

2 잘 익은 블루베리 9개와 안 익은 블루베리 1개
가 있을 때 전체 블루베리 수를 알아봅니다.
블루베리 9개보다 1개 더 많은 수는 10개입니
다.

3 다른 정답 예 나는 귤이 9개인 상자를 살래.
귤이 더 큰 것이 좋아.
채점 가이드 귤이 10개인 상자와 9개인 상자 중 하나를 골
라 수에 알맞은 말에 ○표 했는지 확인합니다.

4 콩의 수 1과 9, 2와 8, 3과 7, 4와 6, 5와 5
를 모으기하면 10입니다.

5 (1) 10은 4와 6으로 가르기할 수 있습니다.
(2) 10은 5와 5로 가르기할 수 있습니다.

51쪽   2. 십몇을 알아볼까요

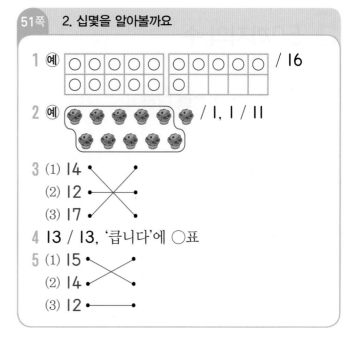

1 예 ○○○○○ ○○○○○ / 16

2 예 / 1, 1 / 11

3 (1) 14 •
(2) 12 •
(3) 17 •

4 13 / 13, '큽니다'에 ○표

5 (1) 15 •
(2) 14 •
(3) 12 •

1 키위가 10개씩 묶음 1개와 낱개 6개이므로 모
두 16개입니다.

2 10개씩 묶으면 1개가 남으므로 11입니다.

3 14(십사, 열넷), 12(십이, 열둘),
17(십칠, 열일곱)

4 요구르트는 18개, 우유는 13개 있습니다.
18은 13보다 큽니다.

5 딸기청은 15병, 살구청은 14병, 블루베리청은
12병 있습니다.
병 1개의 크기에 알맞은 상자를 찾아 이어 봅니다.

52쪽   3. 모으기와 가르기를 해 볼까요

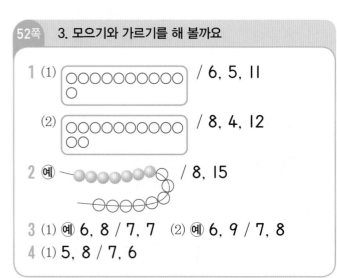

1 (1) ○○○○○○○ ○ / 6, 5, 11

(2) ○○○○○○○○ ○○ / 8, 4, 12

2 예 / 8, 15

3 (1) 예 6, 8 / 7, 7   (2) 예 6, 9 / 7, 8

4 (1) 5, 8 / 7, 6

1 (1) **6**과 **5**를 모으기하면 **11**이 됩니다.
  (2) **8**과 **4**를 모으기하면 **12**가 됩니다.

2 채점 가이드 빨간색 구슬을 고른 경우에는 ◯를 **7**개 그리고, **7**과 **7**을 모으기해서 **14**가 되도록 답을 씁니다.

3 채점 가이드 여러 가지 방법으로 **14**와 **15**를 바르게 가르기 했는지 확인합니다.

4 같은 모양끼리 가르기하면 ⬜ 모양이 **5**개, ⚪ 모양이 **8**개입니다.
  같은 색깔끼리 가르기하면 노란색이 **7**개, 초록색이 **6**개입니다.

53쪽 **4. 10개씩 묶어 세어 볼까요**

1 ◯◯◯◯◯ ◯◯◯◯◯ / **2, 20**
  ◯◯◯◯◯ ◯◯◯◯◯

2 (1) **30** (2) **50**

3 **40, 20, 30**

4 (1) **50**, 오십(또는 쉰)
  (2) **40**, 사십(또는 마흔)

5 (1) **20** (2) **30** (3) **50**

---

1 **10**개씩 묶음 **2**개는 **20**입니다.

2 (1) **10**개씩 묶음 **3**개는 **30**입니다.
  (2) **10**개씩 묶음 **5**개는 **50**입니다.

3 **10**개씩 묶음 **4**개는 **40**,
  10개씩 묶음 **2**개는 **20**,
  10개씩 묶음 **3**개는 **30**입니다.

4 (1) **10**개씩 묶음 **5**개이므로 **50**입니다.
    50은 '오십' 또는 '쉰'이라고 읽습니다.
  (2) **10**개씩 묶음 **4**개이므로 **40**입니다.
    40은 '사십' 또는 '마흔'이라고 읽습니다.

5 기린은 연결 모형 **10**개로 만들었습니다.
  (1) 기린 두 마리는 **10**개씩 묶음 **2**개인 **20**개를 사용합니다.

(2) 기린 세 마리는 **10**개씩 묶음 **3**개인 **30**개를 사용합니다.

(3) 기린 **5**마리를 만드는 데 연결 모형은 **10**개씩 묶음 **5**개인 **50**개를 사용합니다.

54쪽 **5. 50까지의 수를 세어 볼까요**

1 (위에서부터) **4, 24 / 3, 9, 39**

2 (1) **44**, 사십사(또는 마흔넷)
  (2) **32**, 삼십이(또는 서른둘)

3 **22, 35, 47**

4 (위에서부터) **6 / 2**

5 예

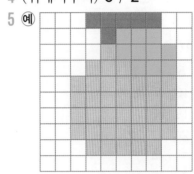

---

1 곶감은 **10**개씩 묶음 **2**개, 낱개 **4**개가 있으므로 **24**입니다.
  달걀은 **10**개씩 묶음 **3**개, 낱개 **9**개가 있으므로 **39**입니다.

2 (1) 딸기는 **10**개씩 묶음 **4**개, 낱개 **4**개가 있으므로 모두 **44**(사십사, 마흔넷)입니다.
  (2) 레몬은 **10**개씩 묶음 **3**개, 낱개 **2**개가 있으므로 모두 **32**(삼십이, 서른둘)입니다.

3 • **10**개씩 묶음 **2**개와 낱개 **2**개는 **22**입니다.
  • **10**개씩 묶음 **3**개와 낱개 **5**개는 **35**입니다.
  • **10**개씩 묶음 **4**개와 낱개 **7**개는 **47**입니다.

4 **16**은 **10**개씩 묶음 **1**개와 낱개 **6**개입니다.
  28은 **10**개씩 묶음 **2**개와 낱개 **8**개입니다.

5 채점 가이드 노란색의 칸 수가 **37**칸이 되도록 색칠하였는지 확인합니다.

1 (1) 19 (2) 24

2

26	31	36	41	
27	32	37	42	47 ← (1)
28	33	38	43	○ ← (2)
29	34	39	44	
30	35	40	45	

3 27, 28

4

5

1	2	3	4	5	6	7
14	13	12	11	10	9	8
15	16	17	18	19	20	21
28	27	26	25	24	23	22
29	30	31	32	33	34	35
42	41	40	39	38	37	36
43	44	45	46	47	48	49

1 수를 순서대로 썼을 때 바로 앞의 수는 1만큼 더 작은 수이고, 바로 뒤의 수는 1만큼 더 큰 수입니다.

2 (1) 47은 45보다 2만큼 더 큰 수입니다.
   (2) 47보다 1만큼 더 큰 수는 48입니다.

4 30부터 45까지의 수를 순서대로 이어 봅니다.

5 수를 순서대로 씁니다.
1 - 2 - ③ - 4 - 5 - ⑥ - 7 - 8 - 9 - 10 - 11 - 12 - ⑬ - 14 - 15 - 16 - ⑰ - 18 - 19 - 20 - ㉑ - 22 - ㉓ - 24 - ㉕ - 26 - 27 - 28 - 29 - ㉚ - 31 - 32 - ㉝ - 34 - 35 - 36 - 37 - 38 - ㊴ - 40 - 41 - ㊷ - ㊸ - 44 - 45 - ㊻ - 47 - 48 - ㊾

1 (1) '큽니다'에 ○표 (2) '작습니다'에 ○표
   (3) '작습니다'에 ○표

2 17, 12 / (○) (   )

3 (1) 40에 ○표 (2) 34에 ○표
   (3) 36에 ○표 (4) 45에 ○표

4 (1) 19에 ○표 (2) 27에 ○표

5

35 43
45 32 48
17 29

1 (1) 10개씩 묶음의 수를 비교하면 3이 2보다 크므로 30이 20보다 큽니다.
   (2) 10개씩 묶음의 수가 같으므로 낱개의 수를 비교하면 3이 7보다 작으므로 13은 17보다 작습니다.
   (3) 10개씩 묶음의 수를 비교하면 2는 3보다 작으므로 29는 34보다 작습니다.

2 왼쪽은 17개, 오른쪽은 12개입니다. 10개씩 묶음의 수가 같으므로 낱개의 수를 비교하면 7이 2보다 크므로 17이 12보다 큽니다.

3 (1) 10개씩 묶음의 수를 비교하면 4가 3보다 크므로 40이 30보다 큽니다.
   (3) 10개씩 묶음의 수가 같으므로 낱개의 수를 비교하면 6이 2보다 크므로 36이 32보다 큽니다.

4 (1) 10개씩 묶음의 수를 비교하면 1이 가장 작으므로 19가 가장 작습니다.
   (2) 10개씩 묶음의 수를 비교하면 2가 가장 작으므로 27이 가장 작습니다.

5 수의 크기를 차례로 비교해 보면 45, 32, 48을 따라 돌다리를 건널 수 있습니다.

초등 1, 2학년을 위한
추천 라인업

동아출판

1~2학년 1, 2학기(전 4권)

어휘를 높이는
초능력 맞춤법 + 받아쓰기

- 쉽고 빠르게 배우는 **맞춤법 학습**
- 단계별 낱말과 문장 **바르게 쓰기 연습**
- 학년, 학기별 국어 교과서 **어휘 학습**

  ➕ 선생님이 불러주는 듣기 자료, 맞춤법 원리 학습 동영상 강의

1~2학년 대상

빠르고 재밌게 배우는
초능력 구구단

- 3회 누적 학습으로 **구구단 완벽 암기**
- 기초부터 활용까지 **3단계 학습**
- 개념을 시각화하여 **직관적 구구단 원리 이해**
- 다양한 유형으로 구구단 **유창성과 적용력 향상**

  ➕ 구구단송

1~2학년 대상

원리부터 응용까지
초능력 시계·달력

- 초등 1~3학년에 걸쳐 있는 시계 학습을 **한 권으로 완성**
- 기초부터 활용까지 **3단계 학습**
- 개념을 시각화하여 **시계달력 원리를 쉽게 이해**
- 다양한 유형의 **연습 문제와 실생활 문제로 흥미 유발**

  ➕ 시계·달력 개념 동영상 강의

큐브 개념

정답 및 풀이 │ 초등 수학 1·1

연산 | 전 단원 연산을 다잡는 기본서

개념 | 교과서 개념을 다잡는 기본서

유형 | 모든 유형을 다잡는 기본서

큐브 찐-후기

시작만 했을 뿐인데 완북했어요!

시작만 했을 뿐인데 그 끝은 완북으로! 학습할 땐 힘들었지만 큐브 연산으로 기초를 튼튼하게 다지면서 새 학기 때 수학의 자신감은 덤으로 뿜뿜할 수 있을 듯 해요^^

초1중2민지사랑민찬

아이 스스로 얻은 성취감이 커서 너무 좋습니다!

아이가 방학 중에 개념 공부를 마치고 수학이 세상에서 제일 싫었다가 이제는 좋아졌다고 하네요. 아이 스스로 얻은 성취감이 커서 너무 좋습니다. 자칭 수포자 아이와 함께 이렇게 쉽게 마친 것도 믿어지지 않네요.

초5 초3 유유

자세한 개념 설명 덕분에 부담없이 할 수 있어요!

처음에는 할 수 있을까 욕심을 너무 부리는 건 아닌가 신경 쓰였는데, 선행용, 예습용으로 하기에 입문하기 좋은 난이도와 자세한 개념 설명 덕분에 아이가 부담없이 할 수 있었던 거 같아요~

초5워킹맘

결과는 대성공! 공부 습관과 함께 자신감 얻었어요!

겨울방학 동안 공부 습관 잡아주고 싶었는데 결과는 대성공이었습니다. 다른 친구들과 함께한다는 느낌 때문인지 아이가 책임감을 느끼고 참여하는 것 같더라고요. 덕분에 공부 습관과 함께 수학 자신감을 얻었어요.

스리마미

엄마표 학습에 동영상 강의가 도움이 되었어요!

동영상 강의가 있어서 설명을 듣고 개념 정리 문제를 풀어보니 보다 쉽게 이해할 수 있었어요. 엄마표로 진행하는 거라 엄마인 저도 막히는 부분이 있었는데 동영상 강의가 많은 도움이 되었네요.

3학년 칭칭맘

심리적으로 수학과 가까워진 거 같아서 만족해요!

아이는 처음 배우는 개념을 정독한 후 문제를 풀다 보니 부담감 없이 할 수 있었던 것 같아요. 매일 아이가 제일 먼저 공부하는 책이 큐브였어요. 그만큼 심리적으로 수학과 가까워진 거 같아서 만족스러워요.

초2 산들바람

수학 개념을 제대로 잡을 수 있어요!

처음에는 어려웠던 개념들도 차분히 문제를 풀어보면서 자신감을 얻은 거 같아서 아이도 엄마도 즐거웠답니다. 6주 동안 큐브 개념으로 4학년 1학기 수학 개념을 제대로 잡을 수 있어서 너무 뿌듯했어요.

초4초6 너굴사랑